装配式剪力墙结构住宅
施工技术指南

主　　编　杨　顺
编　写　组　杨金峰　张　晶
　　　　　　王　军　于光卫
组织编写　北京天恒建设集团有限公司

中国建材工业出版社

图书在版编目（CIP）数据

装配式剪力墙结构住宅施工技术指南/杨顺主编
. --北京：中国建材工业出版社，2021.9
ISBN 978-7-5160-3224-4

Ⅰ.①装… Ⅱ.①杨… Ⅲ.①装配式构件—剪力墙结
构—工程施工 Ⅳ.①TU398

中国版本图书馆 CIP 数据核字（2021）第 098297 号

装配式剪力墙结构住宅施工技术指南

Zhuangpeishi Jianliqiang Jiegou Zhuzhai Shigong Jishu Zhinan

主编　杨　顺

编写组　杨金峰　张　晶　王　军　于光卫

组织编写　北京天恒建设集团有限公司

出版发行　中国建材工业出版社

地　　　址：北京市海淀区三里河路 1 号

邮　　编：100044

经　　销：全国各地新华书店

印　　刷：北京雁林吉兆印刷有限公司

开　　本：787mm×1092mm　1/16

印　　张：7.25

字　　数：180 千字

版　　次：2021 年 9 月第 1 版

印　　次：2021 年 9 月第 1 次

定　　价：**48.00 元**

前　言

2016 年 9 月 30 日，国务院办公厅发布了《国务院办公厅关于大力发展装配式建筑的指导意见》（国办发〔2016〕71 号）。随着国家产业结构调整和建筑行业对绿色节能建筑理念的倡导，装配式建筑受到越来越多的关注。装配式建筑是建筑产业现代化的需求，是建筑行业节能减排的需要，是改变建筑设计模式和建造方式，提高建筑科技含量、性能和质量的需要，是解决建筑市场劳动力资源短缺的需要，是有效保证工程质量、节约资源和降低成本的需要。装配式混凝土结构是以预制构件为主要的受力构件，经过装配和连接而成的混凝土构件，预制装配式建筑的主要特点是构件在工厂加工制作，然后运到现场，用机械或人工进行安装。

本手册以国家工程建设强制性标准为基准，结合装配式剪力墙结构住宅特点，分别从装配式结构施工参考依据、施工组织管理、预制构件生产阶段控制、预制构件进场验收及堆放、施工工艺控制要点及标准、常见质量问题及对策、相关试验及工程资料、安全管理、BIM 应用等方面分 9 章节对装配式剪力墙结构住宅施工中的技术要点、质量控制点及质量常见问题进行分析，并对标准做法进行概括性描述，力求简明扼要。

本手册力求做到内容精简、图文并茂，有较强的针对性和实用性。由于编者水平有限，手册中难免有不足之处，敬请读者在阅读和使用过程中辨证采纳书中观点，并殷切希望和欢迎提出宝贵意见，我们将认真吸取，以便再版时厘定和补正。

编审委员会

目　　录

1 装配式结构施工参考依据

对于装配式结构工程，常用的参考标准、规范、图集见表1.1～表1.4，并根据国家或地方推出的新规范、标准，再进行补充完善，用于指导我公司承建的装配式结构施工。

1.1 国家标准及规范

国家标准及规范清单见表1.1。

表1.1　国家标准及规范清单

序号	名称	标准号
1	《装配式混凝土建筑技术标准》	GB/T 51231—2016
2	《混凝土结构工程施工质量验收规范》	GB 50204—2015
3	《混凝土结构工程施工规范》	GB 50666—2011
4	《钢结构工程施工质量验收标准》	GB 50205—2020
5	《建筑装饰装修工程质量验收标准》	GB 50210—2018
6	《钢结构焊接规范》	GB 50661—2011
7	《硅酮和改性硅酮建筑密封胶》	GB/T 14683—2017

1.2 工程建设行业标准及规范

工程建设行业标准及规范清单见表1.2。

表1.2　工程建设行业标准及规范清单

序号	名称	标准号
1	《装配式混凝土结构技术规程》	JGJ 1—2014
2	《钢筋套筒灌浆连接应用技术规程》	JGJ 355—2015
3	《钢筋机械连接技术规程》	JGJ 107—2016
4	《钢筋焊接及验收规程》	JGJ 18—2012
5	《高层建筑混凝土结构技术规程》	JGJ 3—2010
6	《建筑施工高处作业安全技术规范》	JGJ 80—2016
7	《钢筋机械连接技术规程》	JGJ 107—2016

续表

序号	名称	标准号
8	《钢筋锚固板应用技术规程》	JGJ 256—2011
9	《聚氨酯建筑密封胶》	JC/T 482—2003
10	《聚硫建筑密封胶》	JC/T 483—2006
11	《钢筋连接用灌浆套筒》	JG/T 398—2019
12	《钢筋连接用套筒灌浆料》	JG/T 408—2019
13	《装配式住宅建筑检测技术标准》	JGJ/T 485—2019
14	《混凝土建筑接缝用密封胶》	JC/T 881—2017
15	《装配式住宅建筑设计标准》	18J820

1.3 北京市地方标准及规范

北京市地方标准及规范见表1.3。

表1.3 北京市地方标准及规范清单

序号	名称	标准号
1	《装配式混凝土结构工程施工与质量验收规程》	DB11/T 1030—2013
2	《建筑预制构件接缝防水施工技术规程》	DB11/T 1447—2017
3	《钢筋套筒灌浆料连接技术规程》	DB11/T 1470—2017
4	《预制混凝土构件质量检验标准》	DB11/T 968—2013
5	《混凝土预制构件质量控制标准》	DB11/T 1312—2015
6	《装配式剪力墙结构设计规程》	DB11/1003—2013
7	《预制混凝土构件质量控制标准》	DB11/T 1312—2015

1.4 适用图集

适用图集见表1.4。

表1.4 适用图集一览表

序号	名称	标准号
1	《装配式混凝土剪力墙结构住宅施工工艺图解》	16G906
2	《装配式混凝土结构住宅建筑设计示例（剪力墙结构)》	15J939—1
3	《装配式混凝土结构连接节点构造（楼盖结构和楼梯)》	15G310—1
4	《装配式混凝土结构连接节点构造（剪力墙)》	15G310—2
5	《装配式混凝土结构表示方法及示例（剪力墙结构)》	15G107—1
6	《预制混凝土剪力墙外墙板》	15G365—1
7	《预制混凝土剪力墙内墙板》	15G365—2

8	《桁架钢筋混凝土叠合板（60mm 厚底板）》	15G366—1
9	《预制钢筋混凝土板式楼梯》	15G367—1
10	《预制钢筋混凝土阳台板、空调板及女儿墙》	15G368—1
11	《装配式住宅建筑设计标准》	18J820
12	《平面整体表示方法制图规则和构造详图》	16G101—1~3

1.5 其他依据/相关科技著作

（1）《2016SSZN-HNT 装配式建筑系列标准应用实施指南（装配式混凝土结构建筑）》。

（2）《全国民用建筑工程设计技术措施 建筑产业现代化专篇（装配式混凝土剪力墙结构施工）结构》。

（3）《装配式混凝土建筑设计》。

（4）《装配式混凝土建筑施工技术》。

（5）《装配式建筑混凝土预制构件生产与管理》。

（6）《装配整体式混凝土结构工程施工组织管理》。

2 施工组织管理

2.1 图纸会审

（1）专业初审。由施工总承包单位土建技术负责人、造价人员和施工员按照现行设计和施工质量验收规范、标准、规程，还需参照国家或北京市编制的标准图集，对施工图纸有关预制构件或部品进行初步审查，将发现的图面错误和疑问整理出来，并书面汇总。

（2）施工企业内部会审。在专业初审的基础上，由施工总包单位项目部土建技术负责人组织内部技术人员、造价人员和专业施工员对土建部分、装饰部分、给水排水、电气、暖通空调、智能化等专业共同审核，消除各专业图纸彼此之间的误差，对预制构件或部品同现浇、后浇混凝土相互不协调处认真比对，找出解决思路，对机电安全的各种管线碰撞点进行分析，找到管线碰撞解决办法，协调各专业设计图纸之间的矛盾，并形成书面资料。

（3）综合会审。在总承包单位进行图纸会审的基础上，由业主组织总承包方及业主分包方（如机械挖土、深基坑支护、预制构件或部品生产厂家、预制构件运输厂家、室内装饰、建筑幕墙和水电暖通、设备安装）进行图纸综合会审，解决各专业设计图纸相互矛盾问题，深化、细化和优化设计图纸，做好技术协调工作（表2.1）。

表 2.1 图纸审核要点（产业化）

	序号	要点	说明
图纸作用	1	作用是否一致	判断是会审图，还是模具图、正式加工图
	2	是否确认版	有无签字、盖章、接收记录
图面问题	1	接收图纸是否一致	名称、数量、电子版、蓝图版
	2	图纸是否齐全	目录、总说明、统计表、埋件图、平面图、构件图、配筋图、节点图
	3	基本技术要求是否清晰	强度、保护层等
	4	材料要求是否全面	聚苯、套筒、连接件等参数
	5	方向标识构件与平面图是否一致	箭头方向
	6	图面信息是否全面	信息表、钢筋表、配件表、各视图
	7	钢筋、钢板规格是否满足	市场有无货情况
	8	图面尺寸是否齐全	外形、间距、预埋
	9	平面与构件图是否一致	构件型号、数量

续表

	序号	要点	说明
翻图问题	1	钢筋表与图纸中是否一致	型号、数量
	2	预埋件、钢筋、模板是否有明显冲突	可否避开
	3	埋件表与图中是否一致	型号、数量
	4	是否有构造筋需要变更	附加、改变形式、满足稳定性
	5	现有工艺是否能满足加工	套丝、弯箍、焊接、车铣
	6	埋件与模板配合是否满足	定位孔设置等
	7	脱模情况	放坡、活拆
深化问题	1	构件安装是否有冲突	尺寸是否矛盾
	2	线盒线管规格是否清晰	方盒、八角盒、金属、PVC
	3	套筒与钢筋连接是否一致	规格、套丝
	4	楼梯有无表面建筑做法	表面凹凸
	5	楼梯防滑槽是否确认	截面图表示
	6	铰支座滑动端孔洞做法	变截面通孔、半孔
	7	叠合板桁架高度	现浇层厚度、穿管需求
	8	叠合板外露筋是否准确	长度与板缝的关系
	9	预埋件凹槽尺寸是否准确	楼梯、隔墙安装空间
	10	构件节点是否对应	楼梯、隔墙临时固定、连接
	11	层间构件是否对应	套筒、外露筋、企口
	12	顶层构件做法	预制现浇界限
	13	女儿墙构造	上表面混凝土、内返台钢筋
	14	女儿墙是否满足脱模	支撑螺母与套筒或钢筋
	15	有无防雷要求	防雷预埋件的做法、与钢筋骨架的连接方式

2.2 深化设计

(1) 建筑设计方面。图纸会审切入点应从装配式混凝土建筑结构的预制外墙板及其接缝构造设计满足结构、热工、防水、防火及建筑装饰方面要求入手，表达出装饰装修工程所需预埋件和室内水电的点位情况。

(2) 结构设计方面。装配式结构设计图纸审查，明确预制构件预制率，部品装配率，预制柱、预制梁、预制实心墙/夹心墙、预制叠合板、预制挂板（PCF 板）、预制楼梯、预制阳台和其他预制构件的划分状况。需审查：结构设计中是否已充分考虑预制构件节点、拼缝等部位的连接构造的可靠性，确保装配整体式混凝土结构的整体稳固安全使用；底层现浇楼层和第一次装配预制构件楼层的转换层竖向连接措施是否详细，装配式混凝土结构设计是否考虑便于预制、吊装、就位和调整的措施。还需考虑预制构配件的制作和堆放以及起重运输设备的服务半径情况，是否统筹考虑预制构件生产、运输、安装施工等条件的制约和影响，预制构件堆放时对现浇车库顶板的荷载承受能力分析，是否需进行回顶或不拆除架体支撑等方面，给出建设性设计意见。

（3）审查图纸设计深度。审查构件拆分设计说明、预埋预留洞、预制构件加工模板图、预制构件配筋图、构件连接组合图、预制构件饰面层做法等方面，并审查外门窗、幕墙、整体式卫生间、整体式橱柜、排烟道等做法；对于水暖电通及智能化等各个专业，应审查预制构件及部品预留预埋洞后浇混凝土中后设置的管线、箱盒是否顺利对接。

深化设计重要提示

（1）深化设计前，需与深化单位确定，在叠合板预制时将墙板斜支撑的预埋件预留在叠合板中，以提高预埋精度和后期施工进度。

（2）深化图中需体现转换层出筋长度，绘制出筋图。

（3）在深化预制墙板图时，需特别关注墙板预留连接钢筋的外露长度满足钢筋公称直径的 8 倍，还需增加预制墙板底部调平高度 20mm，即预留连接筋外露长度为 $8d+20$mm，此点为"长城杯"检查项之一。

（4）深化图中，对于预制构件钢筋保护层厚度，需与原设计图纸保持一致。钢筋保护层厚度指最外层钢筋外边缘至混凝土表面的距离。此点为"长城杯"检查项之一。

（5）预制墙板深化前，需与构件厂、设计单位沟通，预制墙板端部预留封闭箍筋的长度在满足钢筋保护层厚度前提下，长度和宽度尽量大些，保证后续封闭箍筋的安装和竖向钢筋机械连接。

（6）叠合板尽量统一厚度，防止后续叠合板与预制墙体之间缝隙大小不一，造成封堵困难；预制墙板顶端预留一排对拉螺栓孔洞，方便叠合板与预制墙体接缝处加设阴角模板，与叠合板与预制墙体贴合紧密，达到阴角棱角分明的外观质量。

建筑专业审查要点见表 2.2-1，结构专业审查要点见表 2.2-2。

2.2-1 建筑专业审查要点

序号	审查项目	审查内容
2.1	法规	项目中采用装配式建造的建筑工程的总建设规模应符合相关法规规定的要求。
		《装配式混凝土结构技术规程》（JGJ 1—2014）
2.2	材料	4.3.1 外墙板接缝处的密封材料应符合下列规定： 3 夹心外墙板接缝处填充用保温材料的燃烧性能应满足国家标准《建筑材料及制品燃烧性能分级》（GB 8624—2012）中 A 级的要求。
2.3	立面、外墙	5.3.4 预制外墙板的接缝及门窗洞口等防水薄弱部位宜采用材料防水和构造防水相结合的做法，并应符合下列规定： 3 当板缝空腔需设置导水管排水时，板缝内侧应增设气密条密封构造。
2.4	接缝	10.3.7 外挂墙板间接缝的构造应符合下列规定： 2 接缝宽度应满足主体结构的层间位移、密封材料的变形能力、施工误差、温差引起变形等要求，且不应小于 15mm。

2.2-2　结构专业审查要点

序号	审查项目	审查内容
3.1	强制性条文	《装配式混凝土结构技术规程》（JGJ 1—2014） 　6.1.3　装配整体式结构构件的抗震设计，应根据设防类别、烈度、结构类型和房屋高度采用不同的抗震等级，并应符合相应的计算和构造措施要求。丙类装配整体式结构的抗震等级应按表 6.1.3 确定。（见下表） 　11.1.4　预制结构构件采用钢筋套筒灌浆连接时，应在构件生产前进行钢筋套筒灌浆连接接头的抗拉强度试验，每种规格的连接接头试件数量不应少于 3 个。
3.2	法规	采用装配式建造的建筑工程的预制率和（或）装配率应符合相关法规规定的要求。
3.3	设计文件 编制要求	
3.3.1	结构设计 说明	除住房城乡建设部《建筑工程施工图设计文件技术审查要点》设计总说明的要求外，尚应补充以下内容： 　1. 预制构件种类、制作和安装施工说明，包括对材料、质量检验、运输、堆放、存储和安装施工要求等； 　2. 预制构件制作详图的深化设计要求，包括预制构件制作、运输、存储、吊装和安装定位、连接施工等阶段的复核计算要求和预设连接件、预埋件、临时固定支撑等的设计要求。

表 6.1.3　丙类装配整体式结构的抗震等级

结构类型		抗震设防烈度							
		6 度		7 度			8 度		
装配整体式框架结构	高度（m）	≤24	>24	≤24	>24		≤24	>24	
	框架	四	三	三	二		二	一	
	大跨度框架	三	三	二	二		一	一	
装配整体式框架-现浇剪力墙结构	高度（m）	≤60	>60	≤24	>24且≤60	>60	≤24	>24且≤60	>60
	框架	四	三	四	三	二	三	二	一
	剪力墙	三	三	三	二	二	二	一	一
装配整体式剪力墙结构	高度（m）	≤70	>70	≤24	>24且≤70	>70	≤24	>24且≤70	>70
	剪力墙	四	三	四	三	二	三	二	一
装配整体式部分框支剪力墙结构	高度（m）	≤70	>70	≤24	>24且≤70	>70	≤24	>24且≤70	
	现浇框支框架	二	二	二	二	二	一	一	
	底部加强部位剪力墙	三	二	三	二	二	一	一	
	其他区域剪力墙	四	三	四	三	二	三	二	

注：大跨度框架指跨度不小于 18m 的框架。

序号	审查项目	审查内容
3.3.2	结构施工图	应根据建设项目的具体情况，增加如下设计内容： 1. 预制构件的平面布置图，包括预制构件编号、节点索引、明细表等内容； 2. 预制构件模板图； 3. 预制构件配筋图； 4. 预制构件连接构造大样图； 5. 建筑、机电设备、精装修等专业在预制构件上的预留洞口、预埋管线、预埋件和连接件等的设计综合图； 6. 预制构件制作、安装施工的质量验收要求； 7. 连接节点施工质量检测、验收要求。
		《装配式混凝土结构技术规程》（JGJ 1—2014）
3.4	材料	4.1.2 预制构件的混凝土强度等级不宜低于 C30；预应力混凝土预制构件的混凝土强度等级不宜低于 C40，且不应低于 C30；现浇混凝土的强度等级不应低于 C25。 4.1.3 普通钢筋采用套筒灌浆连接和浆锚搭接连接时，钢筋应采用热轧带肋钢筋。 4.2.1 钢筋套筒灌浆连接接头采用的套筒应符合现行行业标准《钢筋连接用灌浆套筒》（JG/T 398）的规定。 4.2.2 钢筋套筒灌浆连接接头采用的灌浆料应符合现行行业标准《钢筋连接用套筒灌浆料》（JG/T 408）的规定。 编者注：钢筋套筒灌浆连接接头尚应符合《钢筋套筒灌浆连接应用技术规程》（JGJ 335—2015）的规定。
3.5	结构设计基本规定	
3.5.1	适用高度	6.1.1 装配整体式框架结构、装配整体式剪力墙结构、装配整体式框架-现浇剪力墙结构、装配整体式部分框支剪力墙结构的房屋最大适用高度应满足表 6.1.1 的要求，并应符合下列规定： 1 当结构中竖向构件全部为现浇且楼盖采用叠合梁板时，房屋的最大适用高度可按现行行业标准《高层建筑混凝土结构技术规程》（JGJ 3）中的规定采用。 2 装配整体式剪力墙结构和装配整体式部分框支剪力墙结构，在规定的水平力作用下，当预制剪力墙构件底部承担的总剪力大于该层总剪力的 50% 时，其最大适用高度应适当降低；当预制剪力墙构件底部承担的总剪力大于该层总剪力的 80% 时，最大适用高度应取表 6.1.1 中括号内的数值。 表 6.1.1 装配整体式结构房屋的最大适用高度 (m) （见下表） 注：房屋高度指室外地面到主要屋面的高度，不包括局部突出屋顶的部分。

表 6.1.1 装配整体式结构房屋的最大适用高度 (m)

结构类型	抗震设防烈度			
	6 度	7 度	8 度（0. 2g）	8 度（0. 3g）
装配整体式框架结构	60	50	40	30
装配整体式框架-现浇剪力墙结构	130	120	100	80
装配整体式剪力墙结构	130 (120)	110 (100)	90 (80)	70 (60)
装配整体式部分框支剪力墙结构	110 (100)	90 (80)	70 (60)	40 (30)

序号	审查项目	审查内容
3.5.1	适用高度	6.1.2 高层装配整体式结构的高宽比不宜超过表 6.1.2 的数值。 **表 6.1.2 高层装配整体式结构适用的最大高宽比** 8.1.3 抗震设计时，高层装配整体式剪力墙结构不应全部采用短肢剪力墙；抗震设防烈度为 8 度时，不宜采用具有较多短肢剪力墙的剪力墙结构。当采用具有较多短肢剪力墙的剪力墙结构时，应符合下列规定： 　1 在规定的水平地震作用下，短肢剪力墙承担的底部倾覆力矩不宜大于结构底部总地震倾覆力矩的 50%； 　2 房屋适用高度应比本规程表 6.1.1 规定的装配整体式剪力墙结构的最大适用高度适当降低，抗震设防烈度为 7 度和 8 度时宜分别降低 20m。 　注：1 短肢剪力墙是指截面厚度不大于 300mm、各肢截面高度与厚度之比的最大值大于 4 但不大于 8 的剪力墙； 　2 具有较多短肢剪力墙的剪力墙结构是指，在规定的水平地震作用下，短肢剪力墙承担的底部倾覆力矩不小于结构底部总地震倾覆力矩的 30% 的剪力墙结构。
3.5.2	现浇混凝土要求	6.1.8 高层装配整体式结构应符合下列规定： 　2 剪力墙结构底部加强部位的剪力墙宜采用现浇混凝土； 　3 框架结构首层柱宜采用现浇混凝土，顶层宜采用现浇楼盖结构。 　6.1.9 带转换层的装配整体式结构应符合下列规定： 　1 当采用部分框支剪力墙结构时，底部框支层不宜超过 2 层，且框支层及相邻上一层应采用现浇结构； 　2 部分框支剪力墙以外的结构中，转换梁、转换柱宜现浇。 　6.6.1 结构转换层、平面复杂或开洞较大的楼层、作为上部结构嵌固部位的地下室楼层宜采用现浇楼盖。
3.5.3	计算规定	6.1.11 抗震设计时，构件及节点的承载力抗震调整系数 γ_{RE} 应按表 6.1.11 采用；当仅考虑竖向地震作用组合时，承载力抗震调整系数 γ_{RE} 应取 1.0。预埋件锚筋截面计算的承载力抗震调整系数 γ_{RE} 应取 1.0。 **表 6.1.11 构件及节点承载力抗震调整系数 γ_{RE}** 6.5.1 装配整体式结构中，接缝的正截面承载力应符合现行国家标准《混凝土结构设计规范》（GB 50010）的规定。接缝的受剪承载力应符合下列规定：

表 6.1.2 高层装配整体式结构适用的最大高宽比

结构类型	抗震设防烈度	
	6 度、7 度	8 度
装配整体式框架结构	4	3
装配整体式框架-现浇剪力墙结构	6	5
装配整体式剪力墙结构	6	5

表 6.1.11 构件及节点承载力抗震调整系数 γ_{RE}

结构构件类别	正截面承载力计算					斜截面承载力计算	受冲切承载力计算、接缝受剪承载力计算
	受弯构件	偏心受压柱		偏心受拉构件	剪力墙	各类构件及框架节点	
		轴压比小于 0.15	轴压比不小于 0.15				
γ_{RE}	0.75	0.75	0.8	0.85	0.85	0.85	0.85

序号	审查项目	审查内容
3.5.3	计算规定	1　持久设计状况： $$\gamma_0 V_{jd} \leqslant V_u \qquad (6.5.1\text{-}1)$$ 2　地震设计状况： $$V_{jdE} \leqslant V_{uE}/\gamma_{RE} \qquad (6.5.1\text{-}2)$$ 在梁、柱端部箍筋加密区及剪力墙底部加强部位，尚应符合下式要求： $$\eta_j V_{mua} \leqslant V_{uE} \qquad (6.5.1\text{-}3)$$ 式中　γ_0——结构重要性系数，安全等级为一级时不应小于 1.1，安全等级为二级时不应小于 1.0； 　　　V_{jd}——持久设计状况下接缝剪力设计值； 　　　V_{jdE}——地震设计状况下接缝剪力设计值； 　　　V_u——持久设计状况下梁端、柱端、剪力墙底部接缝受剪承载力设计值； 　　　V_{uE}——地震设计状况下梁端、柱端、剪力墙底部接缝受剪承载力设计值； 　　　V_{mua}——被连接构件端部按实配钢筋面积计算的斜截面受剪承载力设计值； 　　　η_j——接缝受剪承载力增大系数，抗震等级为一、二级取 1.2，抗震等级为三、四级取 1.1。 6.5.7　应对连接件、焊缝、螺栓或铆钉等紧固件在不同设计状况下的承载力进行验算。
3.5.4	接缝材料要求	6.1.12　预制构件节点及接缝处后浇混凝土强度等级不应低于预制构件的混凝土强度等级；多层剪力墙结构中墙板水平接缝用坐浆材料的强度等级值应大于被连接构件的混凝土强度等级值。
3.5.5	耐久性	6.1.13　预埋件和连接件等外露金属件应按不同环境类别进行封闭或防腐、防锈、防火处理，并应符合耐久性要求。
3.5.6	位移限值	6.3.3　按弹性方法计算的风荷载或多遇地震标准值作用下的楼层层间最大位移 Δu 与层高 h 之比的限值宜按表 6.3.3 采用。 表 6.3.3　楼层层间最大位移与层高之比的限值 <table><tr><td>结构类型</td><td>$\Delta u/h$ 限值</td></tr><tr><td>装配整体式框架结构</td><td>1/550</td></tr><tr><td>装配整体式框架-现浇剪力墙结构</td><td>1/800</td></tr><tr><td>装配整体式剪力墙结构、装配整体式部分框支剪力墙结构</td><td>1/1000</td></tr><tr><td>多层装配式剪力墙结构</td><td>1/1200</td></tr></table>
3.5.7	连接规定	6.4.4　用于固定连接件的预埋件与预埋吊件、临时支撑用预埋件不宜兼用；当兼用时，应同时满足各种设计工况要求。预制构件中预埋件的验算应符合现行国家标准《混凝土结构设计规范》（GB 50010）、《钢结构设计规范》（GB 50017）和《混凝土结构工程施工规范》（GB 50666）等有关规定。 6.5.3　纵向钢筋采用套筒灌浆连接时，应符合下列规定： 1　接头应满足行业标准《钢筋机械连接技术规程》（JGJ 107—2016）中 I 级接头的性能要求，并应符合国家现行有关标准的规定； 2　预制剪力墙中钢筋接头处套筒外侧钢筋的混凝土保护层厚度不应小于 15mm，预制柱中钢筋接头处套筒外侧箍筋的混凝土保护层厚度不应小于 20mm； 3　套筒之间的净距不应小于 25mm。 6.5.4　纵向钢筋采用浆锚搭接连接时，对预留孔成孔工艺、孔道形状和长度、构造要求、灌浆料和被连接钢筋，应进行力学性能以及适用性的试验验证。直径大于 20mm 的钢筋不宜采用浆锚搭接连接，直接承受动力荷载构件的纵向钢筋不应采用浆锚搭接连接。

续表

序号	审查项目	审查内容
3.5.7	连接规定	6.5.5 预制构件与后浇混凝土、灌浆料、坐浆材料的结合面应设置粗糙面、键槽，并应符合下列规定： 1 预制板与后浇混凝土叠合层之间的结合面应设置粗糙面。 2 预制梁与后浇混凝土叠合层之间的结合面应设置粗糙面；预制梁端面应设置键槽（图6.5.5）且宜设置粗糙面。键槽的尺寸和数量应按本规程第7.2.2条的规定计算确定。 3 预制剪力墙的顶部和底部与后浇混凝土的结合面应设置粗糙面；侧面与后浇混凝土的结合面应设置粗糙面，也可设置键槽。 4 预制柱的底部应设置键槽且宜设置粗糙面，键槽应均匀布置。柱顶应设置粗糙面。 5 粗糙面的面积不宜小于结合面的80%，预制板的粗糙面凹凸深度不应小于4mm，预制梁端、预制柱端、预制墙端的粗糙面凹凸深度不应小于6mm。 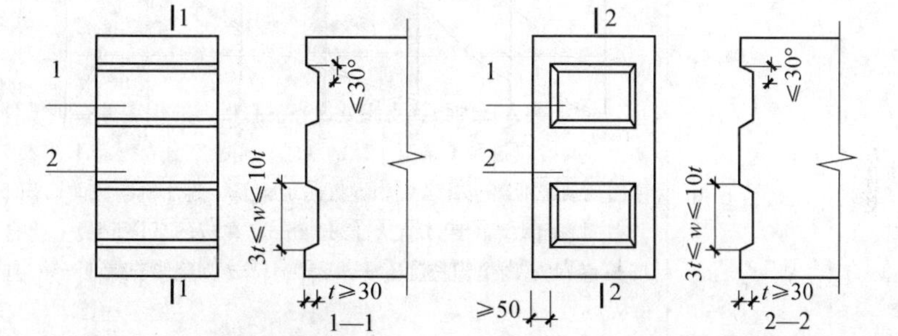 (a) 键槽贯通截面　　(b) 键槽不贯通截面 图6.5.5 梁端键槽构造示意 1—键槽；2—梁端面
3.5.8	楼梯	6.4.3 预制板式楼梯的梯段板底应配置通长的纵向钢筋。板面宜配置通长的纵向钢筋；当楼梯两端均不能滑动时，板面应配置通长的纵向钢筋。 6.5.8 预制楼梯与支承构件之间宜采用简支连接。采用简支连接时，应符合下列规定： 1 预制楼梯宜一端设置固定铰，另一端设置滑动铰，其转动及滑动变形能力应满足结构层间位移的要求，且预制楼梯端部在支承构件上的最小搁置长度应符合表6.5.8的规定； 2 预制楼梯设置滑动铰的端部应采取防止滑落的构造措施。 表6.5.8 预制楼梯在支承构件上的最小搁置长度 <table><tr><td>抗震设防烈度</td><td>6度</td><td>7度</td><td>8度</td></tr><tr><td>最小搁置长度（mm）</td><td>75</td><td>75</td><td>100</td></tr></table>
3.5.9	叠合板	6.6.2 叠合板应按现行国家标准《混凝土结构设计规范》（GB 50010）进行设计，并应符合下列规定： 1 叠合板的预制板厚度不宜小于60mm，后浇混凝土叠合层厚度不应小于60mm； 2 当叠合板的预制板采用空心板时，板端空腔应封堵。 6.6.4 叠合板支座处的纵向钢筋应符合下列规定： 1 板端支座处，预制板内的纵向受力钢筋宜从板端伸出并锚入支承梁或墙的后浇混凝土中，锚固长度不应小于5d（d为纵向受力钢筋直径），且宜伸过支座中心线（图6.6.4a）。

序号	审查项目	审查内容
3.5.9	叠合板	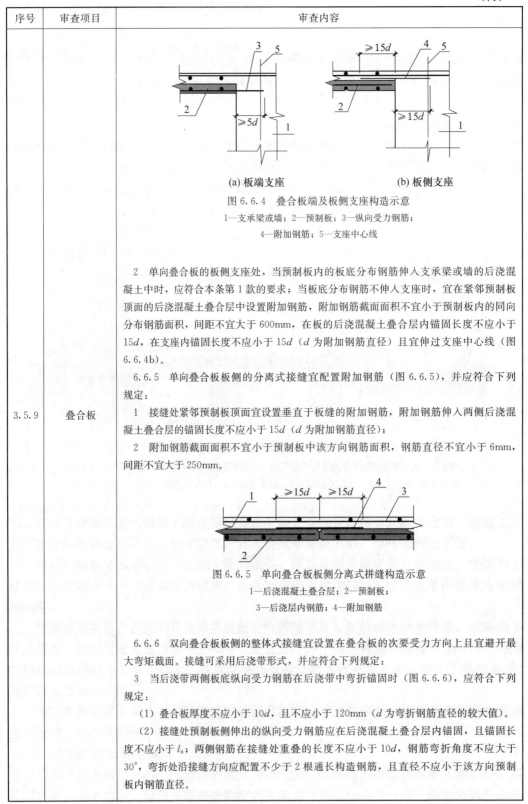

(a) 板端支座   (b) 板侧支座

图 6.6.4　叠合板端及板侧支座构造示意

1—支承梁或墙；2—预制板；3—纵向受力钢筋；
4—附加钢筋；5—支座中心线

2　单向叠合板的板侧支座处，当预制板内的板底分布钢筋伸入支承梁或墙的后浇混凝土中时，应符合本条第 1 款的要求；当板底分布钢筋不伸入支座时，宜在紧邻预制板顶面的后浇混凝土叠合层中设置附加钢筋，附加钢筋截面面积不宜小于预制板内的同向分布钢筋面积，间距不宜大于 600mm，在板的后浇混凝土叠合层内锚固长度不应小于 15d，在支座内锚固长度不应小于 15d（d 为附加钢筋直径）且宜伸过支座中心线（图 6.6.4b）。

6.6.5　单向叠合板板侧的分离式接缝宜配置附加钢筋（图 6.6.5），并应符合下列规定：

1　接缝处紧邻预制板顶面宜设置垂直于板缝的附加钢筋，附加钢筋伸入两侧后浇混凝土叠合层的锚固长度不应小于 15d（d 为附加钢筋直径）；

2　附加钢筋截面面积不宜小于预制板中该方向钢筋面积，钢筋直径不宜小于 6mm，间距不宜大于 250mm。

图 6.6.5　单向叠合板板侧分离式拼缝构造示意

1—后浇混凝土叠合层；2—预制板；
3—后浇层内钢筋；4—附加钢筋

6.6.6　双向叠合板板侧的整体式接缝宜设置在叠合板的次要受力方向上且宜避开最大弯矩截面。接缝可采用后浇带形式，并应符合下列规定：

3　当后浇带两侧板底纵向受力钢筋在后浇带中弯折锚固时（图 6.6.6），应符合下列规定：

（1）叠合板厚度不应小于 10d，且不应小于 120mm（d 为弯折钢筋直径的较大值）。

（2）接缝处预制板侧伸出的纵向受力钢筋应在后浇混凝土叠合层内锚固，且锚固长度不应小于 l_a；两侧钢筋在接缝处重叠的长度不应小于 10d，钢筋弯折角度不应大于 30°，弯折处沿接缝方向应配置不少于 2 根通长构造钢筋，且直径不应小于该方向预制板内钢筋直径。

序号	审查项目	审查内容
3.5.9	叠合板	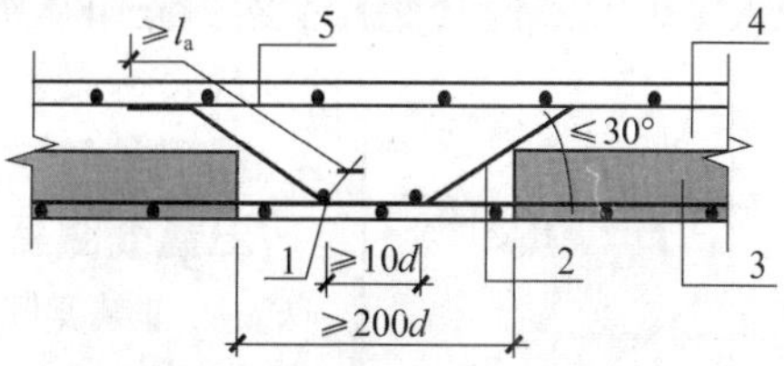 图 6.6.6 双向叠合板整体式拼缝构造示意 1—通长构造钢筋；2—纵向受力钢筋；3—预制板； 4—后浇混凝土叠合层；5—后浇层内钢筋 6.6.7 桁架钢筋混凝土叠合板应满足下列要求： 1 桁架钢筋应沿主要受力方向布置； 2 桁架钢筋距板边不应大于300mm，间距不宜大于600mm； 3 桁架钢筋弦杆钢筋直径不宜小于8mm，腹杆钢筋直径不应小于4mm； 4 桁架钢筋弦杆混凝土保护层厚度不应小于15mm。 6.6.10 阳台板、空调板宜采用叠合构件或预制构件。预制构件应与主体结构可靠连接；叠合构件的负弯矩钢筋应在相邻叠合板的后浇混凝土中可靠锚固，叠合构件中预制板底钢筋的锚固应符合下列规定： 1 当板底为构造配筋时，其钢筋锚固应符合本规程第6.6.4条第1款的规定； 2 当板底为计算要求配筋时，钢筋应满足受拉钢筋的锚固要求。
3.6	框架结构设计	
3.6.1	一般规定	7.1.2 装配整体式框架结构中，预制柱的纵向钢筋连接应符合下列规定： 2 当房屋高度大于12m或层数超过3层时，宜采用套筒灌浆连接。 7.1.3 装配整体式框架结构中，预制柱水平接缝处不宜出现拉力。
3.6.2	接缝计算	7.2.2 叠合梁端竖向接缝的受剪承载力设计值应按下列公式计算： 1 持久设计状况 $$V_u=0.07f_cA_{c1}+0.10f_cA_k+1.65A_{sd}\sqrt{f_cf_y} \quad (7.2.2-1)$$ 2 地震设计状况 $$V_{uE}=0.04f_cA_{c1}+0.06f_cA_k+1.65A_{sd}\sqrt{f_cf_y} \quad (7.2.2-2)$$ 式中 A_{c1}——叠合梁端截面后浇混凝土叠合层截面面积； f_c——预制构件混凝土轴心抗压强度设计值； f_y——垂直穿过结合面钢筋抗拉强度设计值； A_k——各键槽的根部截面面积（图7.2.2）之和，按后浇键根部截面和预制键槽根部截面分别计算，并取二者的较小值； A_{sd}——垂直穿过结合面所有钢筋的面积，包括叠合层内的纵向钢筋。 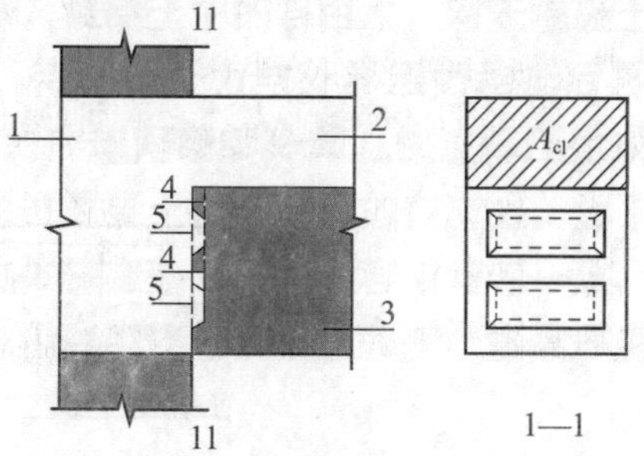 图 7.2.2 叠合梁端受剪承载力计算参数示意 1—后浇节点区；2—后浇混凝土叠合层；3—预制梁； 4—预制键槽根部截面；5—后浇键槽根部截面

序号	审查项目	审查内容
3.6.2	接缝计算	7.2.3 在地震设计状况下，预制柱底水平接缝的受剪承载力设计值应按下列公式计算： 当预制柱受压时： $$V_{uE}=0.8N+1.65A_{sd}\sqrt{f_cf_y} \qquad (7.2.3\text{-}1)$$ 当预制柱受拉时： $$V_{uE}=1.65A_{sd}\sqrt{f_cf_y\left[1-\left(\frac{N}{A_{sd}f_y}\right)^2\right]} \qquad (7.2.3\text{-}2)$$ 式中 f_c——预制构件混凝土轴心抗压强度设计值； f_y——垂直穿过结合面钢筋抗拉强度设计值； N——与剪力设计值 V 相应的垂直于结合面的轴向力设计值，取绝对值进行计算； A_{sd}——垂直穿过结合面所有钢筋的面积； V_{uE}——地震设计状况下接缝受剪承载力设计值。
3.6.3	叠合梁	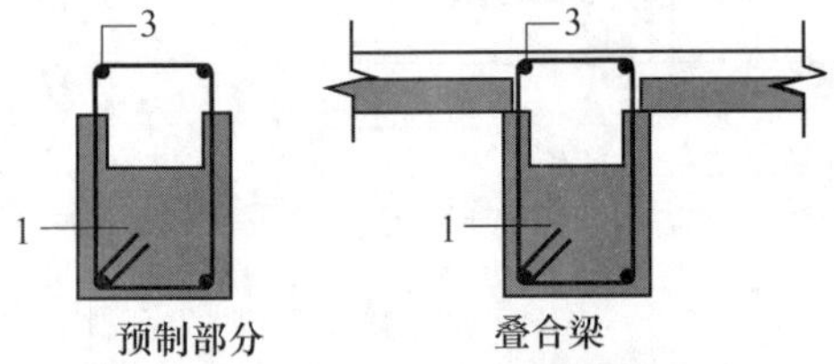 7.3.2 叠合梁的箍筋配置应符合下列规定： 1 抗震等级为一、二级的叠合框架梁的梁端箍筋加密区宜采用整体封闭箍筋（图7.3.2a）。 2 采用组合封闭箍筋的形式（图7.3.2b）时，开口箍筋上方应做成135°弯钩；非抗震设计时，弯钩端头平直段长度不应小于5d（d 为箍筋直径）；抗震设计时，平直段长度不应小于10d。现场应采用箍筋帽封闭开口箍，箍筋帽末端应做成135°弯钩；非抗震设计时，弯钩端头平直段长度不应小于5d；抗震设计时，平直段长度不应小于10d。 (a) 采用整体封闭箍筋的叠合梁 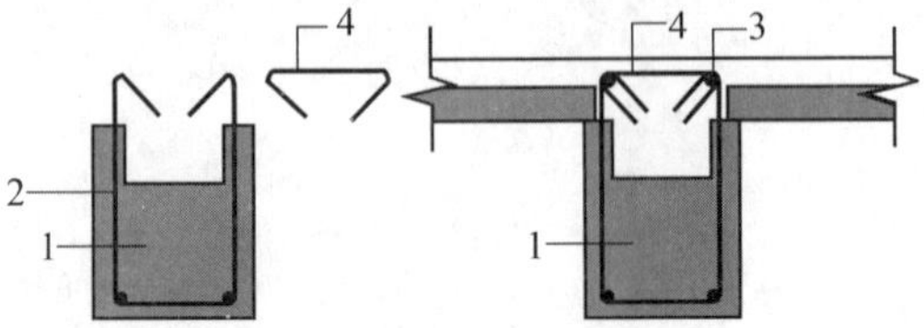 (b) 采用组合封闭箍筋的叠合梁 图7.3.2 叠合梁箍筋构造示意 1—预制梁；2—开口箍筋；3—上部纵向钢筋；4—箍筋帽 7.3.3 叠合梁可采用对接连接（图7.3.3），并应符合下列规定： 3 后浇段内的箍筋应加密，箍筋间距不应大于5d（d 为纵向钢筋直径），且不应大于100mm。 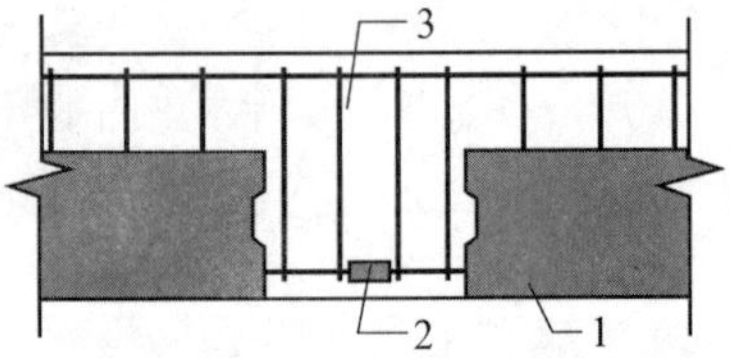 图7.3.3 叠合梁连接节点示意 1—预制梁；2—钢筋连接接头；3—后浇段

序号	审查项目	审查内容
3.6.4	预制柱	7.3.5 预制柱的设计应符合现行国家标准《混凝土结构设计规范》(GB 50010)的要求,并应符合下列规定: 3 柱纵向受力钢筋在柱底采用套筒灌浆连接时,柱箍筋加密区长度不应小于纵向受力钢筋连接区域长度与500mm之和;套筒上端第一道箍筋距离套筒顶部不应大于50mm(图7.3.5)。 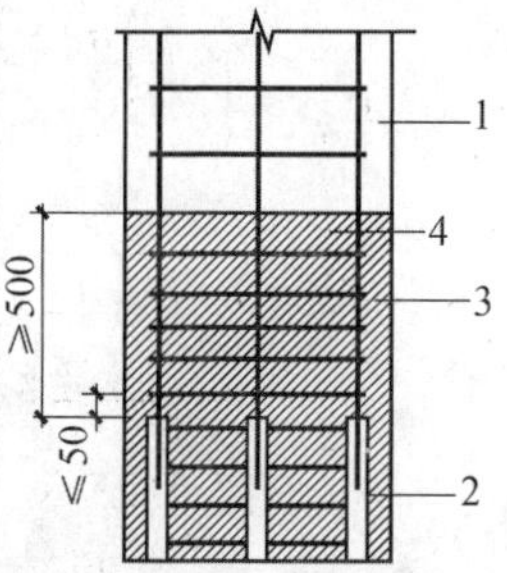 图 7.3.5 钢筋采用套筒灌浆连接时柱底箍筋加密区域构造示意 1—预制柱;2—套筒灌浆连接接头;3—箍筋加密区(阴影区域);4—加密区箍筋
3.6.5	接缝和节点	7.3.6 采用预制柱及叠合梁的装配整体式框架中,柱底接缝宜设置在楼面标高处(图7.3.6),并应符合下列规定: 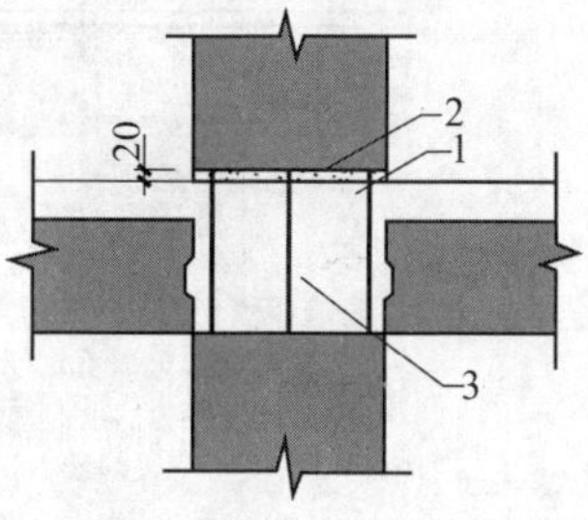 图 7.3.6 预制柱底接缝构造示意 1—后浇节点区混凝土上表面粗糙面;2—接缝灌浆层;3—后浇区 1 后浇节点区混凝土上表面应设置粗糙面; 2 柱纵向受力钢筋应贯穿后浇节点区; 3 柱底接缝厚度宜为20mm,并应采用灌浆料填实。 7.3.8 采用预制柱及叠合梁的装配整体式框架节点,梁纵向受力钢筋应伸入后浇节点区内锚固或连接,并应符合下列规定: 1 对框架中间层中节点,节点两侧的梁下部纵向受力钢筋宜锚固在后浇节点区内(图7.3.8-1a),也可采用机械连接或焊接的方式直接连接(图7.3.8-1b);梁的上部纵向受力钢筋应贯穿后浇节点区。 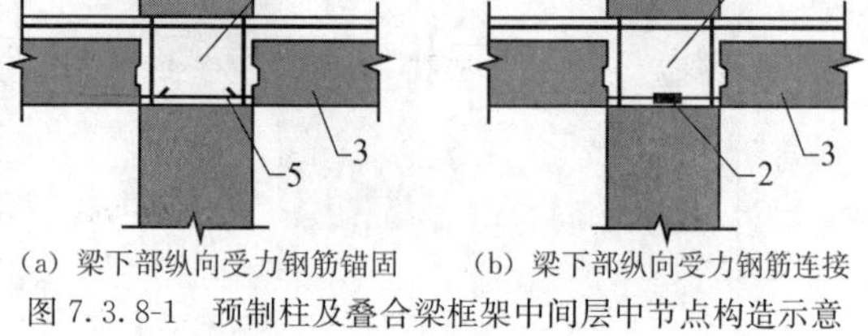 (a) 梁下部纵向受力钢筋锚固 　　(b) 梁下部纵向受力钢筋连接 图 7.3.8-1 预制柱及叠合梁框架中间层中节点构造示意 1—后浇区;2—梁下部纵向受力钢筋连接;3—预制梁; 4—预制柱;5—梁下部纵向受力钢筋锚固

序号	审查项目	审查内容
3.6.5	接缝和节点	2 对框架中间层端节点，当柱截面尺寸不满足梁纵向受力钢筋的直线锚固要求时，宜采用锚固板锚固（图7.3.8-2），也可采用90°弯折锚固。 3 对框架顶层中节点，梁纵向受力钢筋的构造应符合本条第1款的规定。柱纵向受力钢筋宜采用直线锚固；当梁截面尺寸不满足直线锚固要求时，宜采用锚固板锚固（图7.3.8-3）。 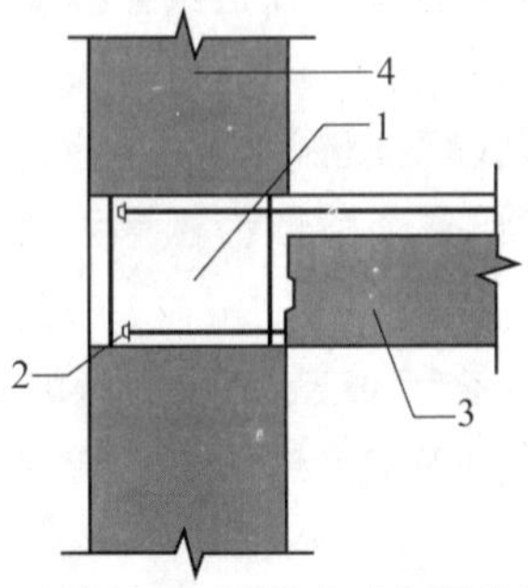 图7.3.8-2 预制柱及叠合梁框架中间层端节点构造示意 1—后浇区；2—梁纵向受力钢筋锚固；3—预制梁；4—预制柱 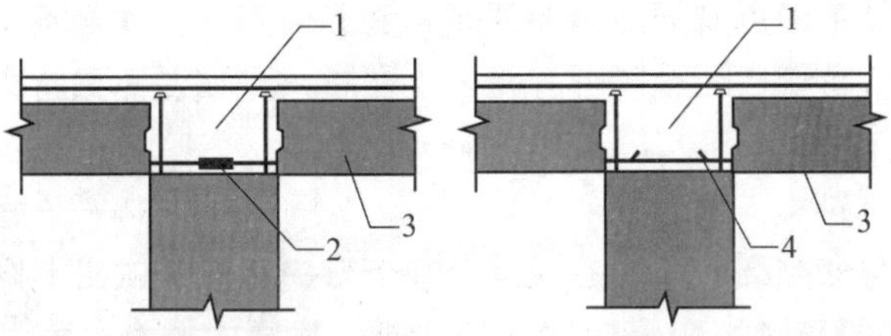 （a）梁下部纵向受力钢筋连接　　（b）梁下部纵向受力钢筋锚固 图7.3.8-3 预制柱及叠合梁框架顶层中节点构造示意 1—后浇区；2—梁下部纵向受力钢筋连接；3—预制梁；4—梁下部纵向受力钢筋锚固 　4 对框架顶层端节点，梁下部纵向受力钢筋应锚固在后浇节点区内，且宜采用锚固板的锚固方式；梁、柱其他纵向受力钢筋的锚固应符合下列规定： 　（1）柱宜伸出屋面并将柱纵向受力钢筋锚固在伸出段内（图7.3.8-4a），伸出段长度不宜小于500mm，伸出段内箍筋间距不应大于5d（d为柱纵向受力钢筋直径），且不应大于100mm；柱纵向钢筋宜采用锚固板锚固，锚固长度不应小于40d；梁上部纵向受力钢筋宜采用锚固板锚固。 　（2）柱外侧纵向受力钢筋也可与梁上部纵向受力钢筋在后浇节点区搭接（图7.3.8-4b），其构造要求应符合现行国家标准《混凝土结构设计规范》（GB 50010）中的规定；柱内侧纵向受力钢筋宜采用锚固板锚固。 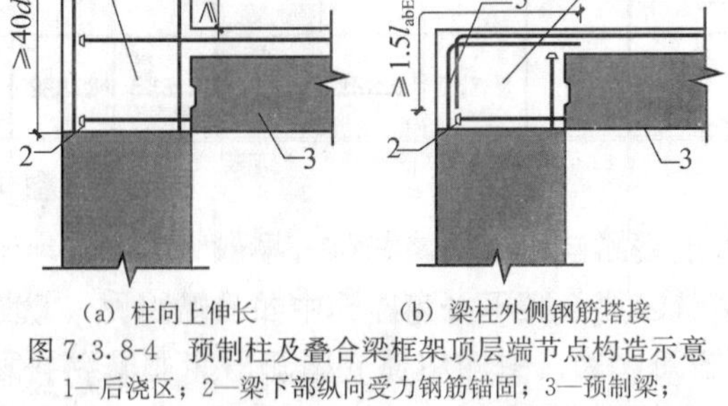 （a）柱向上伸长　　（b）梁柱外侧钢筋搭接 图7.3.8-4 预制柱及叠合梁框架顶层端节点构造示意 1—后浇区；2—梁下部纵向受力钢筋锚固；3—预制梁； 4—柱延伸段；5—梁柱外侧钢筋搭接

序号	审查项目	审查内容
3.7	剪力墙 结构设计	
3.7.1	一般规定	5.2.3 剪力墙结构中不宜采用转角窗。 8.1.1 抗震设计时，对同一层内既有现浇墙肢也有预制墙肢的装配整体式剪力墙结构，现浇墙肢水平地震作用弯矩、剪力宜乘以不小于 1.1 的增大系数。
3.7.2	连接构造	8.2.4 当采用套筒灌浆连接时，自套筒底部至套筒顶部并向上延伸 300mm 范围内，预制剪力墙的水平分布筋应加密（图 8.2.4），加密区水平分布筋的最大间距及最小直径应符合表 8.2.4 的规定，套筒上端第一道水平分布钢筋距离套筒顶部不应大于 50mm。 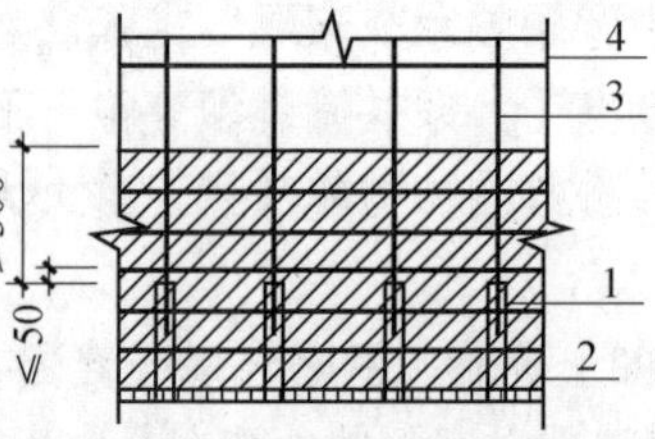 图 8.2.4 钢筋套筒灌浆连接部位水平分布钢筋的加密构造示意 1—灌浆套筒；2—水平分布钢筋加密区域（阴影区域）；3—竖向钢筋；4—水平分布钢筋 表 8.2.4 加密区水平分布钢筋的要求 | 抗震等级	最大间距（mm）	最小直径（mm）
---	---	---
一、二级	100	8
三、四级	150	8 | 8.2.6 当预制外墙采用夹心墙板时，应满足下列要求： 1 外叶墙板厚度不应小于 50mm，且外叶墙板应与内叶墙板可靠连接； 2 夹心外墙板的夹层厚度不宜大于 120mm； 3 作为承重墙时，内叶墙板应按剪力墙进行设计。 8.3.1 楼层内相邻预制剪力墙之间应采用整体式接缝连接，且应符合下列规定： 1 当接缝位于纵横墙交接处的约束边缘构件区域时，约束边缘构件的阴影区域（图 8.3.1-1）宜全部采用后浇混凝土，并应在后浇段内设置封闭箍筋。 2 当接缝位于纵横墙交接处的构造边缘构件区域时，构造边缘构件宜全部采用后浇混凝土（图 8.3.1-2）。 （a）有翼墙　　　（b）转角墙 图 8.3.1-1 约束边缘构件阴影区域全部后浇构造示意 l_c—约束边缘构件沿墙肢的长度 1—后浇段；2—预制剪力墙

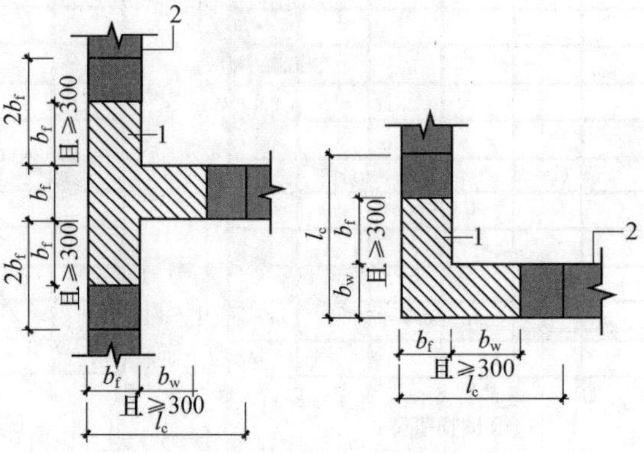

序号	审查项目	审查内容
3.7.2	连接构造	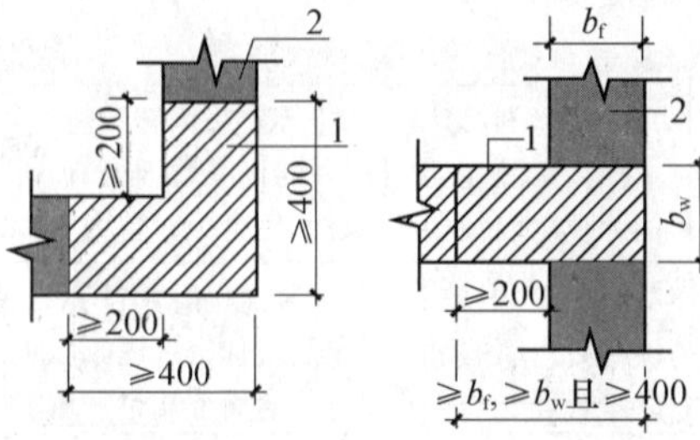 (a) 转角墙　　　　(b) 有翼墙 图 8.3.1-2　构造边缘构件全部后浇构造示意 （阴影区域为构造边缘构件范围） 1—后浇段；2—预制剪力墙 4　非边缘构件位置，相邻预制剪力墙之间应设置后浇段，后浇段的宽度不应小于墙厚且不宜小于 200mm；后浇段内应设置不少于 4 根竖向钢筋，钢筋直径不应小于墙体竖向分布筋直径且不应小于 8mm。 8.3.2　屋面以及立面收进的楼层，应在预制剪力墙顶部设置封闭的后浇钢筋混凝土圈梁（图 8.3.2），并应符合下列规定： 1　圈梁截面宽度不应小于剪力墙的厚度，截面高度不宜小于楼板厚度及 250mm 的较大值；圈梁应与现浇或者叠合楼、屋盖浇筑成整体。 2　圈梁内配置的纵向钢筋不应少于 $4\phi12$，且按全截面计算的配筋率不应小于 0.5% 和水平分布筋配筋率的较大值，纵向钢筋竖向间距不应大于 200mm；箍筋间距不应大于 200mm，且直径不应小于 8mm。 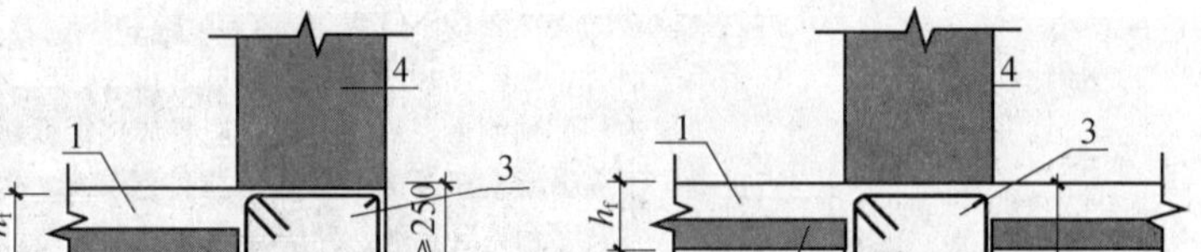 (a) 端部节点　　　　(b) 中间节点 图 8.3.2　后浇钢筋混凝土圈梁构造示意 1—后浇混凝土叠合层；2—预制板；3—后浇圈梁；4—预制剪力墙 8.3.3　各层楼面位置，预制剪力墙顶部无后浇圈梁时，应设置连续的水平后浇带（图 8.3.3）。水平后浇带应符合下列规定： 1　水平后浇带宽度应取剪力墙的厚度，高度不应小于楼板厚度；水平后浇带应与现浇或者叠合楼、屋盖浇筑成整体。 2　水平后浇带内应配置不少于 2 根连续纵向钢筋，其直径不宜小于 12mm。

序号	审查项目	审查内容
3.7.2	连接构造	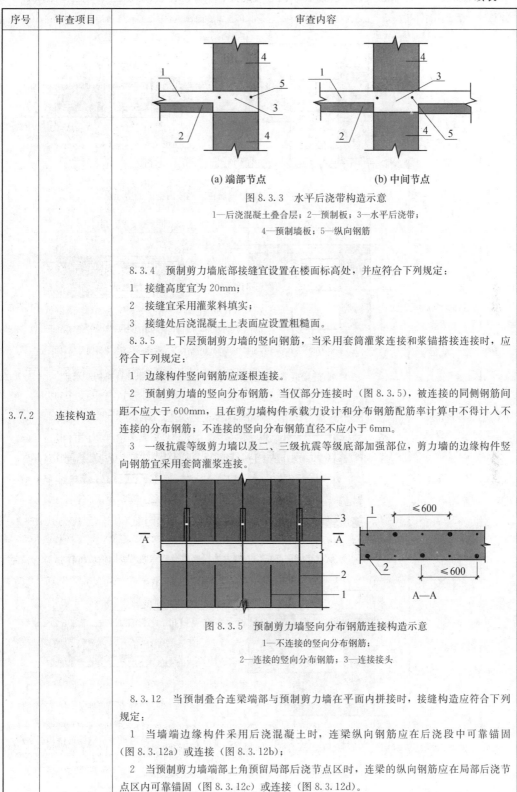

(a) 端部节点　　　　(b) 中间节点

图 8.3.3　水平后浇带构造示意

1—后浇混凝土叠合层；2—预制板；3—水平后浇带；

4—预制墙板；5—纵向钢筋

8.3.4　预制剪力墙底部接缝宜设置在楼面标高处，并应符合下列规定：

1　接缝高度宜为 20mm；

2　接缝宜采用灌浆料填实；

3　接缝处后浇混凝土上表面应设置粗糙面。

8.3.5　上下层预制剪力墙的竖向钢筋，当采用套筒灌浆连接和浆锚搭接连接时，应符合下列规定：

1　边缘构件竖向钢筋应逐根连接。

2　预制剪力墙的竖向分布钢筋，当仅部分连接时（图 8.3.5），被连接的同侧钢筋间距不应大于 600mm，且在剪力墙构件承载力设计和分布钢筋配筋率计算中不得计入不连接的分布钢筋；不连接的竖向分布钢筋直径不应小于 6mm。

3　一级抗震等级剪力墙以及二、三级抗震等级底部加强部位，剪力墙的边缘构件竖向钢筋宜采用套筒灌浆连接。

图 8.3.5　预制剪力墙竖向分布钢筋连接构造示意

1—不连接的竖向分布钢筋；

2—连接的竖向分布钢筋；3—连接接头

8.3.12　当预制叠合连梁端部与预制剪力墙在平面内拼接时，接缝构造应符合下列规定：

1　当墙端边缘构件采用后浇混凝土时，连梁纵向钢筋应在后浇段中可靠锚固（图 8.3.12a）或连接（图 8.3.12b）；

2　当预制剪力墙端部上角预留局部后浇节点区时，连梁的纵向钢筋应在局部后浇节点区内可靠锚固（图 8.3.12c）或连接（图 8.3.12d）。

续表

序号	审查项目	审查内容
3.7.2	连接构造	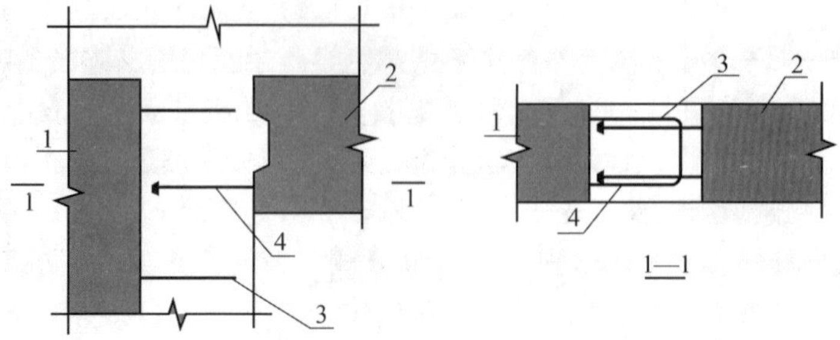 (a) 预制连梁钢筋在后浇段内锚固构造示意 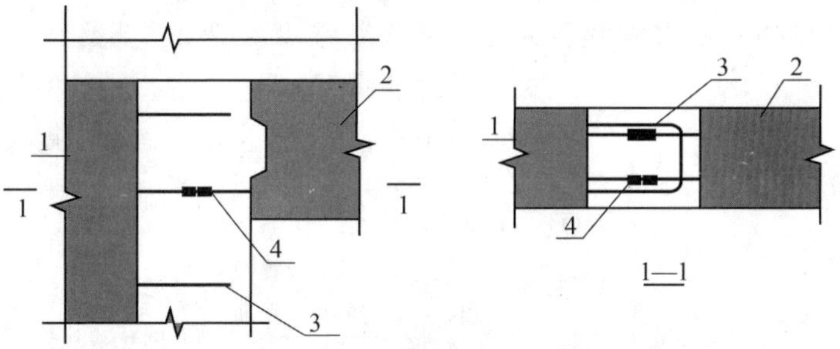 (b) 预制连梁钢筋在后浇段内与预制剪力墙预留钢筋连接构造示意 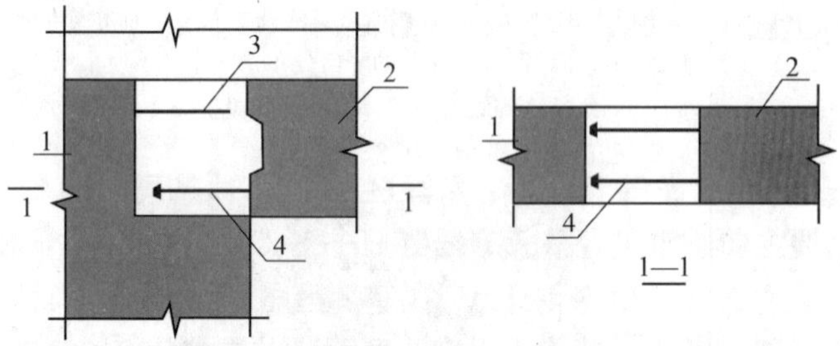 (c) 预制连梁钢筋在预制剪力墙局部后浇节点区内锚固构造示意 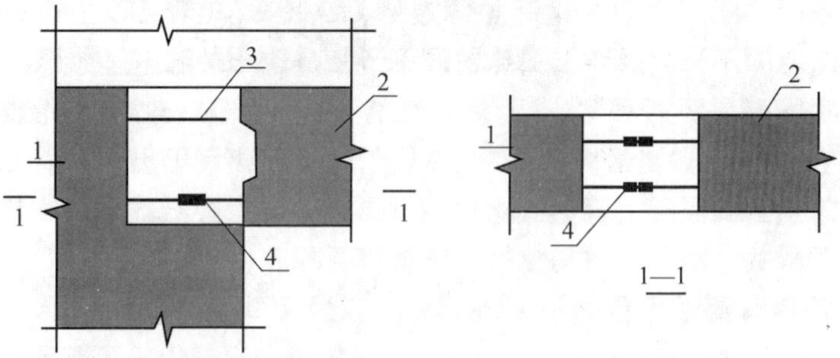 (d) 预制连梁钢筋在预制剪力墙局部后浇节点区内与墙板预留钢筋连接构造示意 图 8.3.12　同一平面内预制连梁与预制剪力墙连接构造示意 1—预制剪力墙；2—预制连梁；3—边缘构件箍筋； 4—连梁下部纵向受力钢筋锚固或连接

序号	审查项目	审查内容
3.7.3	接缝计算	8.3.7 在地震设计状况下，剪力墙水平接缝的受剪承载力设计值应按下式计算： $$V_{uE}=0.6f_yA_{sd}+0.8N \qquad (8.3.7)$$ 式中 f_y——垂直穿过结合面的钢筋抗拉强度设计值； N——与剪力设计值 V 相应的垂直于结合面的轴向力设计值，压力时取正，拉力时取负； A_{sd}——垂直穿过结合面的抗剪钢筋面积。 8.3.14 应按本规程第 7.2.2 条的规定进行叠合连梁端部接缝的受剪承载力计算。
3.8	多层剪力墙结构设计	
3.8.1	一般规定	9.1.1 本章适用于 6 层及 6 层以下、建筑设防类别为丙类的装配式剪力墙结构设计。 编者注：条文中的"本章"，即 JGJ 1—2014 的第 9 章。 9.1.3 当房屋高度不大于 10m 且不超过 3 层时，预制剪力墙截面厚度不应小于 120mm；当房屋超过 3 层时，预制剪力墙截面厚度不宜小于 140mm。 9.1.4 当预制剪力墙截面厚度不小于 140mm 时，应配置双排双向分布钢筋网。剪力墙中水平及竖向分布筋的最小配筋率不应小于 0.15％。
3.8.2	接缝计算	9.2.2 （多层剪力墙结构）在地震设计状况下，预制剪力墙水平接缝的受剪承载力设计值应按下式计算： $$V_{uE}=0.6f_yA_{sd}+0.6N \qquad (9.2.2)$$ 式中 f_y——垂直穿过结合面的钢筋抗拉强度设计值； N——与剪力设计值 V 相应的垂直于结合面的轴向力设计值，压力时取正，拉力时取负； A_{sd}——垂直穿过结合面的抗剪钢筋面积。
3.8.3	连接构造	9.3.1 抗震等级为三级的多层装配式剪力墙结构，在预制剪力墙转角、纵横墙交接部位应设置后浇混凝土暗柱，并应符合下列规定： 1 后浇混凝土暗柱截面高度不宜小于墙厚，且不应小于 250mm，截面宽度可取墙厚（图 9.3.1）； 2 后浇混凝土暗柱内应配置竖向钢筋和箍筋，配筋应满足墙肢截面承载力的要求，并应满足表 9.3.1 的要求。 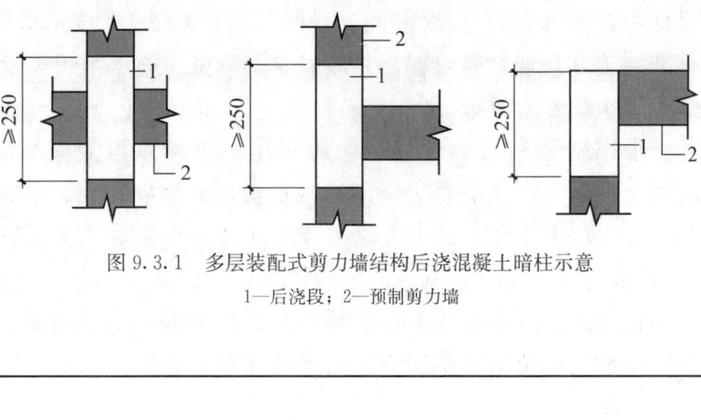 图 9.3.1 多层装配式剪力墙结构后浇混凝土暗柱示意 1—后浇段；2—预制剪力墙

序号	审查项目	审查内容
3.8.3	连接构造	**表 9.3.1 多层装配式剪力墙结构后浇混凝土配筋要求** （见下表） 9.3.3 预制剪力墙水平接缝宜设置在楼面标高处，并应满足下列要求： 1 接缝厚度宜为 20mm。 2 接缝处应设置连接节点，连接节点间距不宜大于 1m；穿过接缝的连接钢筋数量应满足接缝受剪承载力的要求，且配筋率不应低于墙板竖向钢筋配筋率，连接钢筋直径不应小于 14mm。 9.3.4 当房屋层数大于 3 层时，应符合下列规定： 1 叠合板与预制剪力墙的连接应符合本规程第 6.6.4 条的规定； 2 沿各层墙顶应设置水平后浇带，并应符合本规程第 8.3.3 条的规定； 3 当抗震等级为三级时，应在屋面设置封闭的后浇钢筋混凝土圈梁，圈梁应符合本规程第 8.3.2 条的规定。 9.3.7 预制剪力墙与基础的连接应符合下列规定： 1 基础顶面应设置现浇混凝土圈梁，圈梁上表面应设置粗糙面； 2 预制剪力墙与圈梁顶面之间的接缝构造应符合本规程第 9.3.3 条的规定，连接钢筋应在基础中可靠锚固，且宜伸入到基础底部； 3 剪力墙后浇暗柱和竖向接缝内的纵向钢筋应在基础中可靠锚固，且宜伸入到基础底部。

表 9.3.1 多层装配式剪力墙结构后浇混凝土配筋要求

底层			其他层		
纵向钢筋最小量	箍筋（mm）		纵向钢筋最小量	箍筋（mm）	
	最小直径	沿竖向最大间距		最小直径	沿竖向最大间距
$4\phi12$	6	200	$4\phi10$	6	250

2.3 装配式施工组织设计评审

2.3.1 装配式施工组织设计要求

（1）装配式混凝土建筑工程需编制装配式施工组织设计。根据京建法〔2018〕6号，工程总承包单位或施工单位应当组织对施工组织设计进行专家评审，重点审查施工组织设计中技术方案的可靠性、安全性、可行性，包括技术措施、质量安全保证措施、验收标准、工期合理性等内容，并形成专家意见。施工组织设计发生重大变更的，应按照规定重新组织专家评审。

（2）根据京建法〔2018〕6号，施工组织设计评审专家组应当由结构设计、施工、预制混凝土构件生产（混凝土制品）、机电安装、装饰装修等领域的专家组成，成员人数应当为 5 人以上单数，其中北京市装配式建筑专家委员会成员应不少于专家组人数的 3/5，结构设计、施工、预制混凝土构件生产（混凝土制品）专业的专家各不少于 1 名。建设、工程总承包（未实行工程总承包项目的设计、施工单位）、监理以及预制混凝土构件生产等相关单位应当参加施工组织设计专家评审会。

2.3.2 装配式施工组织设计编制章节

装配式施工组织设计应包含以下章节内容:

(1)编制依据:合同、施工图纸、主要规范及规程、主要图集等;

(2)工程概况:总体简介、建筑设计简介、结构设计简介、装配式构件概况、专业设计简介、周边环境概况、工程典型的平立剖面图、工程特点及施工重难点等;

(3)施工部署:工程目标、施工部署原则及施工安排、施工组织机构、主要项目工程量、施工任务划分、施工进度计划、原材料构配件及设备的加工及采购、主要劳动力计划及劳动力曲线、组织协调等;

(4)施工准备:深化设计、技术准备、预制构件存放及吊装准备、施工现场准备等;

(5)主要施工方法:流水段划分、大型机械选择及布置、主要施工顺序、主要分部分项施工方法等;

(6)验收标准:材料进场检验、预制构件的安装与验收、现浇结构的检验标准、提交主要文件和记录等;

(7)主要管理措施:安全保证措施、质量管理措施、成品及半成品保护措施、文明施工管理、分包管理措施等;

(8)施工总平面布置。

2.3.3 装配式施工组织设计专家论证注意事项

(1)地下室后浇带应尽量减少,设计应提前核算地下室顶板覆土厚度造成的地下室与主楼之间沉降量是否可以取消该位置后浇带。(一般覆土厚度 1.8m 相当于 3 层结构的沉降量)

(2)塔吊布置和流水段划分密切相关。塔吊布置尽量与流水段一致,避免造成不同施工段使用一台塔吊增加施工协调难度。

(3)地下室顶板堆放预制构件或上运输车,设计符合顶板、梁荷载。地下室顶板是否考虑消防车荷载?消防车一般按照 30~35t 考虑荷载,未考虑消防车荷载的地下室顶板必须由设计单位复算确认,考虑消防车荷载的按照实际施工工况荷载复算。

(4)外墙后浇带回填前如竖向后浇带未浇筑,此处悬臂结构设计单位应复核计算是否满足回填土侧压力。

(5)外墙板墙上吊顶不应设置在门洞口上,复杂墙深化设计应出吊点图。

(6)对于 L 形的叠合板,检查独立支撑布置位置和数量,悬挑端不应大于 500mm,不满足的应增加下支撑。

(7)检查深化设计中外墙与叠合板接缝位置节点优化,如何保证不漏浆。

(8)对于叠合板有 2×3 吊点的叠合板,先吊两侧 1、3 吊点,平衡后 2 点采用动滑轮连接吊点。

(9)对于有门洞口预制板,采用预制板上 3 个吊点吊装加固方案,除洞口增加横撑外,考虑增加钢斜撑。

(10)叠合板下钢筋搭接长度应满足要求。

(11)应避免内墙板尺寸过小,1m 左右的预制内墙板意义不大。

（12）关注吊环设计位置。见图 2.3.3-1 和图 2.3.3-2。

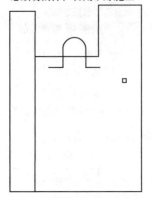

图 2.3.3-1　吊环位置不合理

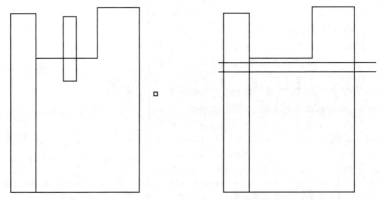

图 2.3.3-2　吊环位置优化

（13）带保温的墙板应有产品检验、技术手册。

（14）PCF 现浇位置现场绑扎钢筋严禁破坏此处拉结件。

（15）冬期施工不施工灌浆料，工期按照实际进度调整。

（16）构件运输堆放高度过高，一般不超过 6 层。见图 2.3.3-3。

图 2.3.3-3　构件堆放高度超高

（17）楼梯固定端、滑移端节点，见图 2.3.3-4。

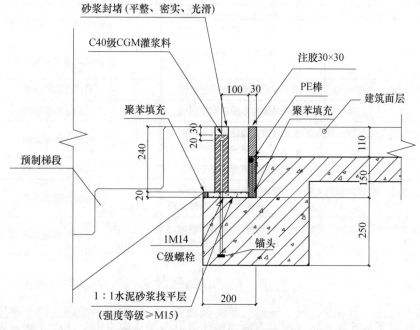

图 2.3.3-4　楼梯固定端构造节点图

（18）拉结件、PCF 连接件、施工节点图、模板图应齐全。

（19）细化灌浆、直螺纹工程加工、分仓、封仓细节。

（20）外墙边缝隙一般采用改性硅酮密封胶密封，一般不用聚氨酯。

（21）装配式电气要求。

（22）支撑架与混凝土浇筑方式，明确是否采用布料杆。阳台支撑应考虑重心。

（23）施工组织设计中周边环境，重难点中增加现浇与预制交接点。

（24）样板施工应先做工程实体样板。

（25）施工组织设计中增加管理人员培训。

（26）构件厂加工应有验收、生产运输计划。

（27）冬期低温灌浆，应单独编制方案进行论证。

（28）构件编号应详细。只要构件不一致，就应单独编号。

（29）方案中应明确最大构件、最重构件的尺寸、重量、位置等信息。

（30）叠合板吊点不应设置太多，设计应进行复核，尽量减少。

（31）现场运输临时道路的转弯半径不宜小于车辆转弯最小半径要求。

（32）注意构件堆放场地是否落在地下室顶板上或离边坡上口太近。

（33）注意预埋件位置（施工电梯、塔吊等附着、外架拉墙件等）。

（34）应增加塔吊吊次分析，明确是否满足施工计划要求。

（35）后浇带节点竖向钢筋连接采用直螺纹 Ⅰ 级接头，详见 15G310—2（P17），应与设计单位协商尽量选用 a 做法。见图 2.3.3-5。

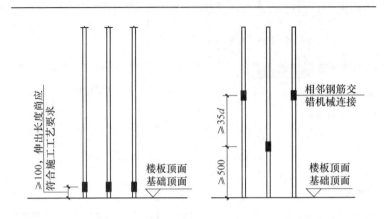

(a) Ⅰ级接头机械连接　　　　　　(b) 机械连接

图 2.3.3-5　竖向钢筋连接接头位置节点图

2.4　现场平面布置

在现场平面布置规划时，应考虑预制构件及设备的运输通道、堆放以及起重设备所需空间；施工平面布置时，首先应进行起重机械选型工作，然后根据起重机械布局、规划场内道路，最后根据起重机械以及道路的相对关系，确定堆场位置。构件的吊装工序，使得起重机对施工流水段及施工流向的划分均有影响。

结合工程实际，按总平面图编制的约束条件，分阶段说明现场平面布置图的内容，并阐述施工现场平面布置管理内容。

2.4.1　各阶段（基础、主体、装修）施工场地分析

既要考虑满足现场施工需要的材料堆场，又要为预制构件吊装作业预留场地，不宜在规划的预制构件吊装作业场地设置临水临电管线、钢筋加工场等不宜迅速转移场地的临时设施。

2.4.2　预制构件吊装阶段平面布置控制

（1）构件存放场地的布置宜避开地下车库区域，以免对车库顶板施加过大临时荷载，当采用地下室顶板作为堆放场地时，应对承载力进行计算，必要时应进行加固处理并征得设计单位书面同意。

（2）按照吊装顺序及流水段配套堆放。

（3）施工道路宽度需满足构件运输车辆的双向开行及卸货吊车的支设空间，道路平整度和路面强度需满足吊车吊运大型构件的承载力要求。

（4）墙板、楼面板等重型构件宜靠近塔式起重机中心存放，阳台板、飘窗板等较轻构件可存放在起吊范围内的较远处。

2.5 人力资源管理

传统混凝土结构工程主要配备测量工、模板工、钢筋工、混凝土工、砌筑工、架子工、抹灰工及管工、电工、通风工、电焊工、弱电工。装配式结构除了上述工种以外，还需要机械设备安装工、起重工、安装钳工、起重信号工、建筑起重机械安装拆卸工、室内成套设施安装工，根据装配式建筑特点还需要配备移动式起重机司机、塔式起重机司机及特有的钢套筒灌浆工等。

为保证装配式施工质量，需对操作人员熟练程度、专业化程度进行培训。

技术人员、专业工长：新规范、新规程、新工艺学习。

质量检查人员：熟悉施工图纸、施工方案及相关的标准、规程；掌握验收标准、验收方法、验收工具正确使用方法；制定质量检验流程，按照施工技术规程制定关键质量控制节点、部位；过程验收节点、部位；跟踪、旁站施工节点部位。

试验员：试验取样原则和方式方法、试验操作规程。

构件厂驻厂工长：熟悉构件拆分图及加工图，掌握预制构件生产、制作的相关工艺和验收标准；参与构件加工模具、预埋预留、相关尺寸检查验收；参与装车时预制构件规格、数量、外观质量、成品保护的检查验收；核对相关的质量证明文件。

进场质量检查验收人员：依据《预制混凝土构件质量检验标准》（DB11/T 968—2013）掌握预制构件验收标准。负责预制构件规格、数量、外观质量、成品保护的检查验收。接收相关的质量证明文件，并传递给资料员。指挥预制构件车辆停放在指定地点。

塔吊司机、信号指挥、吊装司索、构件安装、灌浆封堵人员：学习掌握《吊装方案》《装配式施工手册》相关知识。塔吊司机严格按信号工的指令进行操作，严格执行"十不吊"的规定。信号工在保证安全的情况下正确领会和执行吊装人员、安装人员发布的各项构件移动需求，依据操作人员的需求向塔吊司机下达指令，指令用语必须清晰，用词规范、统一、准确、及时。塔吊司机应了解不同规格构件的重量、几何尺寸、重心位置，掌握、执行《装配式施工手册》中各项安全操作规定；根据构件的受力特征进行专项技术交底培训，确保构件吊装时依照构件原有受力情况，防止构件吊装过程中发生损坏。构件安装人员应识别、熟悉拆分图纸、预制构件安装顺序，掌握相关的工艺流程；不得违章作业；根据构件的安装方法掌握如何使用、准备必要的连接工器具，提高构件安装速度的快捷方法；根据构件的连接方式，进行连接钢筋定位、外墙板就位后斜撑固定的方法、时间、顺序；构件灌浆套筒连接、螺栓连接、规范操作顺序的培训，重点加强连接施工人员的操作质量、安全、成品保护意识；预制构件吊装时、安装中、成型后的成品保护方式方法及注意事项。灌浆封堵人员应按规范要求、施工手册、技术交底进行注浆，保证灌浆质量合格的方法、措施。

2.6 材料管理

按装配式预制构件的特点，以外墙夹芯板、内墙板、外墙挂板、预制混凝土柱、预制混凝土梁等主材,及其配套的钢筋套筒、坐浆料、钢斜撑等辅料,分系统分类进行管理,与工程进展协同。

分项工程开工前,应向项目部材料负责人提供需要的材料供应计划,计划中明确提出所需材料的品种、规格、数量和时间;当所需预制构件及其他材料进场时,专业施工员会同材料负责人和技术负责人共同对其进行验收,报监理工程师核验;进场材料应及时入库,建立台账,定期盘点。

2.6.1 装配式工程主材

装配式工程主材如图 2.6.1 所示。

①预制外墙板

②预制内墙板

③预制叠合板

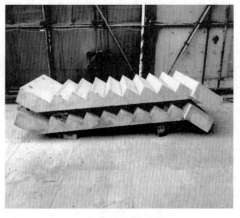

④预制板式楼梯

⑤预制 PCF 板

⑥预制空调板

图 2.6.1 装配式工程主材

2.6.2 装配式工程辅材

装配式工程辅材如图 2.6.2 所示。

①全灌浆套筒

②半灌浆套筒（常用）

③保温连接件

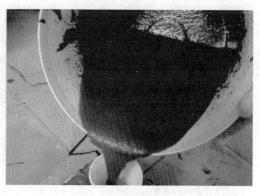

④灌浆料

⑤钢垫片

⑥压缝 PE 条

图 2.6.2　装配式工程辅材

2.6.3　装配式工程安装机具

装配式工程安装机具如图 2.6.3 所示。

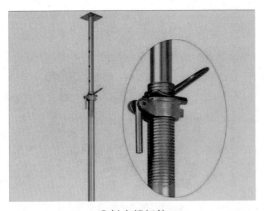
①斜支撑杆件

②斜支撑

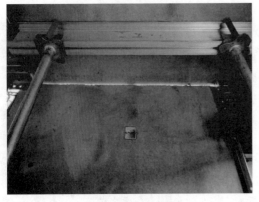
③铝梁及独立支撑

④吊装梁

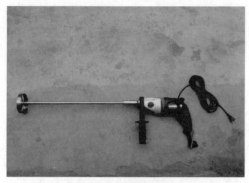

⑤手持搅拌器

⑥灌浆机

⑦卸扣

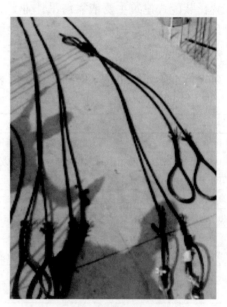

⑧吊绳

⑨吊爪

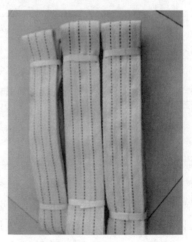

⑩吊带

图 2.6.3　装配式工程安装机具

2.7　机械及架体管理

以三元德宏装配式剪力墙工程项目为例，从塔吊选型及使用、外用电梯设置、外架和支撑架选择、施工便梯选择等方面进行阐述。

2.7.1　塔吊选型及使用

1. 塔吊选型原则

结合场地与构件重量，确保塔吊最大起重量及臂端起重量满足使用要求。①塔吊数量配置：装配式建筑主要依靠塔吊作业，在允许的条件下优先一楼一塔。②塔型选择：满足最不利吊装位置构件起吊重量，构件堆场卸货方便，减少二次吊运。

2. 塔吊使用计划

(1) 标准单元塔吊吊次时间分析表（表2.7.1-1和表2.7.1-2）。

表2.7.1-1　首层装配施工安排

时间	施工工序
第1~3天	预制外墙板及内墙板吊装、钢筋绑扎、水电施工（可安排晚上进行）
第4~5天	外挂板吊装、暗柱钢筋绑扎、水电施工、模板施工（水电施工的剪力墙）
第6天	节点模板施工
第7天	墙体混凝土施工
第8~9天	暗柱模板拆除及叠合板支撑体系施工
第10~11天	预制楼板、阳台板、空调板安装
第12~13天	顶板钢筋绑扎、外墙上翻梁吊模及水电施工
第14天	顶板混凝土施工
第15天	楼层放线、混凝土凿毛、斜撑的安放及施工准备

表2.7.1-2　标准层装配施工安排

时间	施工工序
第1~3天	测量放线、材料准备、预制外墙板及内墙板吊装、下层楼梯吊装、钢筋绑扎、水电施工（可安排晚上进行）
第4天	阳台外挂板吊装、墙钢筋绑扎、水电施工、模板施工（前一天水电施工的剪力墙）
第5天	模板施工、节点模板施工、墙体混凝土施工
第6天	模板拆除及独立支撑体系施工、叠合楼板吊装、水电预埋施工
第7~9天	叠合楼板吊装、水电预埋施工、钢筋绑扎施工、楼板混凝土浇筑
第10天	钢筋绑扎施工、楼板混凝土浇筑

(2) 构件吊装时间优化。预制构件吊装是施工流水作业的开始工序，该工序占用时间直接影响单元施工流水组织。构件吊装时间由预备挂钩、安全检查、回转就位、安装作业、起升回转固定时间、起升、落钩至地面的可变动时间组成。按照平均水平考虑，取建筑物中间层及标准单元构件数量作为吊次计算基础，其标准单元预制构件吊装耗费时间见表2.7.1-3。

表 2.7.1-3 吊装时间（min）

预备挂钩时间	安全检查时间	起升时间	回转就位时间	安装作业时间	起升回转时间	落钩至地面时间
2	2	变量	1.5	7	1.5	变量

（3）塔吊吊具（图 2.7.1-1）。

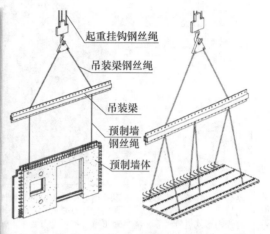

预制构件采用数字化吊装梁吊装，根据构件的吊环位置采用合理的起吊点以避免产生水平分力导致构件旋转，绳索与构件水平面的夹角不宜小于45°。

图 2.7.1-1 塔吊吊具

（4）塔吊锚固（图 2.7.1-2）。

塔吊锚固至现浇墙体

单独设计塔吊锚固装置

结合工程建筑结构形式，确定塔吊锚固形式；对锚固形式进行验算，满足塔吊各项受力要求，并验算结构受力情况，最后确定最终锚固形式；定位锚固点预留预埋位置并进行预埋件准确预埋。

图 2.7.1-2 塔吊锚固节点示意

2.7.2 外用电梯设置

外用电梯节点示意如图 2.7.2 所示。

结合工程建筑结构形式，确定外用电梯具体位置及锚固形式：对外用电梯基础落于车库顶板的情况，应经过设计验算符合结构受力要求，在外用电梯基础施工之前，对该区域进行回顶。对锚固形式进行验算，满足外用电梯各项受力要求，需通过设计单位进行验算以满足结构受力要求；对外用电梯锚固点预留预埋位置进行预制构件平面定位，委托构件厂进行预埋件准确预埋。

图 2.7.2　外用电梯节点示意

2.7.3 外架选择

外架有附着式提升脚手架、附着式电动施工平台、外挂三脚架、落地式脚手架等（表 2.7.3 和图 2.7.3-1～图 2.7.3-4）。

表 2.7.3　外架类型

外架形式		造价预算	施工难易度	施工高度	施工工期	备注
落地式脚手架	双排扣件式钢管脚手架	较大	施工难度低	≤50m	工期较长	视连墙件间距、构架尺寸通过计算确定
	双排碗扣式钢管脚手架	较大	施工难度较低	60m	工期较长	视连墙件间距、构架尺寸通过计算确定
	门式钢管脚手架	较小	施工难度适中	55m	工期较短	施工荷载标准值≤3.0kN/m²
				40m	工期较短	5.0≥施工荷载标准值>3.0kN/m²
悬挑三角架		较小	施工难度适中	15～20m	工期较短	挂靠结构及其支撑墙体必须具有足够承载力（根据厂家提供产品型式加工质量各异，需专家论证）
型钢悬挑脚手架		较大	施工难度适中	≤20m	工期较短	锚固位置楼板厚度≥120mm（大于20m需专家论证，预制外墙需预留孔洞）
附着式提升脚手架		提升设备、控制设备及安全防护系统成本较高	施工难度低	20m或不超过5个层高	工时用量省	全部附着在预制外墙上
附着式电动施工平台		成本较高	施工难度适中	—	工时用量省	需经附墙装置验算

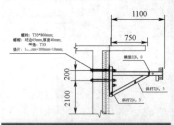

1100mm支座安装尺寸图

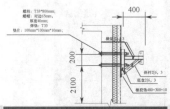

400mm支座安装尺寸图

3.5层附着式提升脚手架

根据装配式混凝土结构预制构件出厂时混凝土强度已经达到100%的特点和爬架的相关规范要求《建筑施工工具式脚手架安全技术规范》JGJ 202—2010、《北京市建设工程施工现场附着式升降脚手架安全使用管理办法》(京建法〔2012〕4号)等，通过优化构造降低附着层数，在预制剪力墙附着处增加垫板，阳台部位采用加长附墙支座的方式，提出装配式混凝土剪力墙结构施工3.5层附着式提升脚手架应用技术。

技术参数：标准层高为2.9m，架体总高度10.8m，搭设6步架，每步1.8m，架体宽度0.9m，离墙距离400mm。

与结构连接做法：全部附着在预制外墙上。

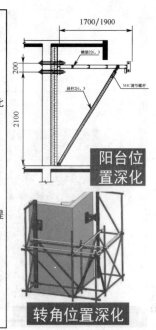

阳台位置深化

转角位置深化

图 2.7.3-1　附着式提升脚手架节点示意

附着式电动施工平台采用小齿轮和齿条驱动，机械化程度更高、安全可靠且施工速度快。应用于装配式混凝土结构主体施工阶段时是1.5层，主体结构施工完毕后将操作平台由原来1.5个楼层高度拆除至0.5层，可以接着用于外墙装修工作。经过附墙装置验算每个附墙处设两个附墙座，每个附墙座选用M16穿墙螺栓两根，半孔就可以。

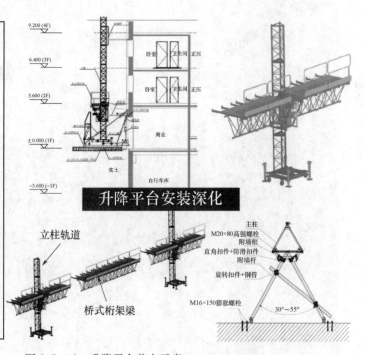

升降平台安装深化

图 2.7.3-2　升降平台节点示意

外挂三脚架

图 2.7.3-3 外挂三脚架示意

图 2.7.3-4 外挂三脚架立面示意

2.7.4 支撑架选择

支撑架示意如图 2.7.4 所示。

图 2.7.4 三角支撑体系示意

2.7.5 施工便梯选择

施工便梯示意如图 2.7.5-1 和图 2.7.5-2 所示。

图 2.7.5-1 施工便梯（一）

双层拼装楼梯

图 2.7.5-2　施工便梯（二）

3 预制构件生产阶段控制

预制构件生产质量合格是实现施工现场顺利施工的前提，因此，必须对预制构件生产厂家质量行为和生产过程进行控制，由建设单位、监理单位、施工单位根据规定和需求配置驻厂监造人员。驻厂监造人员应履行相关责任，对关键工序进行生产过程监督，并在相关质量证明文件上签字。根据《关于加强装配式混凝土建筑工程设计施工质量全过程管控的通知》（京建法〔2018〕6号）的规定，工程总承包单位（施工单位）、监理单位应对钢筋隐蔽验收、混凝土生产、混凝土浇筑、原材料检测、出厂质量验收等关键环节进行驻厂监造、旁站监理，建设单位应在工程总承包合同（未实行工程总承包项目的施工合同）、监理合同中分别明确驻厂监造、旁站监理的相关责任、义务和相关费用。

3.1 预制构件生产企业质量行为控制

（1）预制构件生产企业是否具备规定资质。根据住房城乡建设部要求，预制构件生产企业应有预拌混凝土生产资质。

（2）预制构件生产企业是否具备必要的生产工艺、生产设备和检测设备。

（3）预制构件生产企业是否具备必要的原材料和成品堆放场地，成品保护措施落实情况。

（4）预制构件生产制作质量保证体系是否符合要求。

（5）预制构件生产制作方案编制、技术交底制度是否落实。

（6）原材料和产品质量检测检验计划建立是否落实。

（7）混凝土制备质量管理制度及检验制度建立落实情况。

（8）预制构件制作质量控制资料收集整理情况。

预制构件生产工艺流程如图3.1所示。

材料验收　　钢筋加工　　装模　　布钢筋

养护　　浇捣　　混凝土搅拌　　预埋

脱模　　检验　　入库

图 3.1　预制构件生产工艺流程图

3.2 预制构件生产企业生产计划控制

装配式混凝土结构的现场施工中预制构件的吊装、安装处于关键线路上，是关键工作，而作为构件吊装安装的前提，构件的进场必须按计划得到保证，为防止构件供应不及时造成工期延误，在工程总进度计划确定之后，施工单位应排出构件吊装计划，并要求构件厂排出构件生产计划。

预制构件的生产计划对工程整体进度计划完成影响明显，预制构件生产计划应由预制构件生产单位编制，经总包、监理审查，特别是预制构件生产计划应同施工单位编制的单位施工进度计划相协调，做好无缝对接。现场施工人员同构件厂紧密联系，了解构件生产情况，并根据现场场地情况考虑构件存放量。一般而言，施工现场提前45d将计划书面通知构件厂为宜。

预制构件生产计划图表选择采用双代号网络图、横道图，其图表中宜有资源分配，进度计划编制说明；进度计划编制依据、计划目标、关键线路说明、资源需求说明；编制的专项计划中，应含有预制构件及材料采购规格、数量，预制构件及材料分阶段运抵现场时间。

3.3 预制构件生产过程质量检查

根据《关于加强装配式混凝土建筑工程设计施工质量全过程管控的通知》（京建法〔2018〕6号）的规定，加强预制混凝土构件生产环节质量管控：预制混凝土构件生产单位应对其生产的产品质量负责，应按照《装配式混凝土建筑技术标准》 （GB/T 51231—2016）等要求，加强对原材料检验、生产过程质量管理、产品出厂检验及运输环节控制，执行合同约定的预制混凝土构件技术指标和供货要求，确保预制混凝土构件产品质量；预制混凝土构件生产单位生产的同类型首个预制混凝土构件，建设单位应组织工程总承包（未实行工程总承包项目的设计、施工单位）、监理、预制混凝土构件生产单位进行验收，合格后方可进行批量生产；按照"谁采购，谁负责"的原则，采购单位应当对采购的预制混凝土构件质量负总责，在采购合同中，应当明确采购方、供应方的质量责任，以及预制混凝土构件生产过程管控、原材料进场验收标准、出厂验收标准、运输要求、提供的技术资料等内容，采购的预制混凝土构件等装配式建筑部品，应按照规定进行采购信息填报。

3.3.1 原材料及混凝土检查要点

（1）水泥、砂、石、掺合料、外加剂等质量合格证明文件及进厂复试报告。

（2）钢筋、钢丝焊接网片、钢套筒、金属波纹管的质量合格证明文件及进厂复试报告。

（3）钢套筒或金属波纹管灌浆连接接头的型式检验报告；钢套筒与钢筋、灌浆料的匹配性工艺检验报告。

（4）钢模板质量合格证明文件或加工质量检验报告。

（5）混凝土配合比试验检测报告。

（6）保温材料、拉结件质量合格证明文件及相关质量检测报告。

（7）门窗框、外装饰面层及其基层材料的质量合格证明文件及相关质量检测报告。

（8）预埋管、盒、箱的质量合格证明文件及相关质量检测报告。

3.3.2 构件制作成型过程质量控制要点

（1）钢筋的品种、规格、数量、位置、间距、保护层厚度等质量控制情况。

（2）纵向受力钢筋焊接或机械连接接头的试验检测报告；纵向受力钢筋的连接方式、接头位置、接头质量、接头面积百分率、搭接长度、箍筋、横向钢筋构造等质量控制情况。

（3）钢套筒或金属波纹管及预留灌浆孔道的规格、数量、位置等质量控制情况。

（4）预埋吊环的规格、数量、位置等质量控制情况。

（5）预埋管线、线盒、箱的规格、数量、位置及固定措施；预留孔洞的数量、位置及固定措施。

（6）混凝土试块抗压强度试验检测报告。

（7）夹芯外墙板的保温层位置、厚度，拉结件的规格、数量、位置等。

（8）门窗框的安装固定质量控制情况。

（9）外装饰面层的粘结固定质量控制情况。

（10）构件的标识位置情况。

（11）重点工序操作要点：

①清模（图 3.3.2-1）。

图 3.3.2-1 清模

②置筋、装模（图 3.3.2-2、图 3.3.2-3）。

图 3.3.2-2　置筋

图 3.3.2-3　装模

③装模检验（图 3.3.2-4、图 3.3.2-5）。

图 3.3.2-4　装模检验

图 3.3.2-5　尺量检验

④预埋及检验（图 3.3.2-6、图 3.3.2-7）。

图 3.3.2-6　预埋构件钢筋

图 3.3.2-7　钢筋检验

⑤水洗工艺（图3.3.2-8、图3.3.2-9）。

图3.3.2-8 水洗冲刷粗糙面

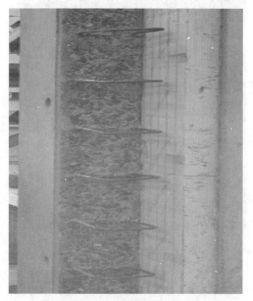

图3.3.2-9 粗糙面成型

⑥拆模（图3.3.2-10、图3.3.2-11）。

图3.3.2-10 构件拆模

图3.3.2-11 混凝土强度回弹

⑦成品检验（图 3.3.2-12、图 3.3.2-13）。

图 3.3.2-12　构件尺寸量测　　　　　图 3.3.2-13　构件标识

3.3.3　预制构件成品质量检查要点

（1）混凝土外观质量及构件外形尺寸质量检查。

（2）预留连接钢筋的品种、级别、规格、数量、位置、外露长度、间距等质量检查。

（3）钢套管或金属波纹管的预留孔洞位置等质量检查。

（4）与后浇混凝土连接处的粗糙面处理及键槽设置质量检查。

（5）预埋吊环的规格、数量、位置及预留孔洞的尺寸、位置等质量检查。

（6）水电暖通预埋线盒、线管位置、预留孔洞的尺寸、位置等质量检查。

（7）夹芯外墙板的保温层位置、厚度质量检查。

（8）门窗框的安装固定及外观质量检查。

（9）外装饰面层的粘结固定及外观质量检查。

（10）构件的唯一性标识质量检查。

（11）构件的结构性能检验报告检查。

3.4　预制构件存放、运输

3.4.1　预制构件存放

对预制构件厂提出要求，预制构件成品脱模存放时，应根据施工进度要求，按使用的先后时间分类码放，防止出现现场着急使用而存放库房码放顺序不当不能及时吊离运输至现场。

1. 车间内临时存放

车间内存放区根据立式、平式存放构件，划分出不同的存放区。存放区内设置构件存放专业支架、专用托架。

构件在车间内选择不同的堆放方式时，首先保证构件的结构安全，其次考虑运输方便和构件存放、吊装时的便捷。

在车间内堆放同类型构件时，应按照不同楼号、楼层进行分类存放。构件底部应放置两根通长方木，以防止构件与硬化地面接触造成构件缺棱掉角。同时，两个相邻构件之间也应设置木方，防止构件起吊时对相邻构件造成损坏。

民建墙板在临时存放区设专用竖向墙体存放支架内立式存放；楼梯采用平式存放，楼梯底部与地面以及楼梯与楼梯之间支垫方木；预制柱和预制梁均采用平式存放，底部与地面以及层与层之间支垫方木。

2. 车间外存放

预制构件在发货前一般堆放在露天堆场内。

在车间内检查合格，并静置一段时间后，用专用构件转运车和随车起重运输车、改装的平板车运至室外堆场分类进行存放，将堆场内的每个存放单元划分成不同的存放区，用于存放不同的预制构件。

根据堆场每跨宽度，在堆场内呈线型设置墙板存放钢结构架，每跨设 2～3 排存放架，存放架距离龙门吊轨道 4～5m；在钢结构存放架上，每隔 40cm 设置一个可穿过钢管的孔道，上下两排，错开布置；根据墙板厚度选择上下邻近孔道，插入无缝钢管，卡住墙板。叠合板采用叠放存储，每层间加放垫木。

叠合板堆垛存放要求如图 3.4.1 所示。

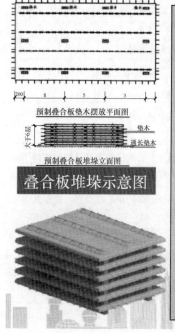

预制叠合板垫木摆放平面图

预制叠合板堆垛立面图

叠合板堆垛示意图

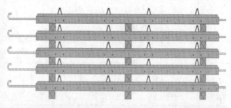

预制叠合板采用堆垛现场码放，层与层之间应垫平垫实，各层叠合板及方木应上下对齐，叠放层数不大于6层。正面进行标识，标识内容包括构件编号、日期、生产信息、使用部位及构件安装方向等，存放时按照吊装的顺序存放，禁止随意码放，并在存放区相邻地面做好标记。

叠合板现场堆放

图 3.4.1　叠合板堆垛存放要求

3.4.2　预制构件出厂质量控制

预制构件出厂时，驻厂监造人员应对待出厂构件进行详细检验，并在相关证明文件上签字。没有驻厂监造人员签字的，不得列为合格产品。构件外观质量不应有缺陷，对已经出现的严重缺陷应按技术处理方案进行处理并重新检验，对出现一般缺陷应进行修整并达到合格。驻厂监造人员应对上述过程认真记录并备案。预制构件经检验合格后，要及时标记工程名称、构件部位、构件型号及编号、制作日期、合格状态、生产单位等信息，这是质量可追溯性要求。

按预制板类、墙板类、梁柱桁架类的预制构件尺寸偏差及预留孔、预留洞、预埋件、预留插筋、键槽的位置和检验方法按表 3.4.2-1～表 3.4.2-3 进行检查。

表 3. 4. 2-1　预制板类构件外形尺寸允许偏差及检验方法

项次	检查项目			允许偏差（mm）	检验方法
1	规格尺寸	长度	＜6m	±5	用尺量两端及中间部，取其中偏差绝对值较大值
			≥6m 且＜12m	±10	
			≥12m	±20	
2		宽度		±5	用尺量两端及中间部，取其中偏差绝对值较大值
3		厚度		±5	用尺量板四角和四边中部位置共 8 处，取其中偏差绝对值较大值
4	外形	对角线差		6	在构件表面，用尺量测两对角线的长度，取其绝对值的差值
5		表面平整度	内表面	4	将 2m 靠尺安放在构件表面上，用楔形塞尺量测靠尺与表面之间的最大缝隙
			外表面	3	
6		楼板侧向弯曲		$L/750$ 且≤20	拉线，钢尺量最大弯曲处
7		扭翘		$L/750$	四对角拉两条线，量测两线交点之间的距离，其值的 2 倍为扭翘值
8	预埋部件	预埋钢板	中心线位置偏移	5	用尺量测纵横两个方向的中心线位置，记录其中较大值
			平面高差	0，−5	将尺紧靠在预埋件上，用楔形塞尺量测预埋件平面与混凝土面的最大缝隙
9		预埋螺栓	中心线位置偏移	2	用尺量测纵横两个方向的中心线位置，记录其中较大值
			外露长度	+10，−5	用尺量
10		预埋线盒、电盒	在构件平面的水平方向中心位置偏差	10	用尺量
			与构件表面混凝土高差	0，−5	用尺量
11	预留孔	中心线位置偏移		5	用尺量测纵横两个方向的中心线位置，记录其中较大值
		孔尺寸		±5	用尺量测纵横两个方向尺寸，取其最大值

项次	检查项目		允许偏差（mm）	检验方法
12	预留洞	中心线位置偏移	5	用尺量测纵横两个方向的中心线位置，记录其中较大值
		洞口尺寸、深度	±5	用尺量测纵横两个方向尺寸，取其最大值
13	预留插筋	中心线位置偏移	3	用尺量测纵横两个方向的中心线位置，记录其中较大值
		外露长度	±5	用尺量
14	吊环、木砖	中心线位置偏移	10	用尺量测纵横两个方向的中心线位置，记录其中较大值
		留出高度	0，−10	用尺量
15	桁架钢筋高度		+5，0	用尺量

表 3.4.2-2 预制墙板类构件外形尺寸允许偏差及检验方法

项次	检查项目			允许偏差（mm）	检验方法
1	规格尺寸	高度		±4	用尺量两端及中间部，取其中偏差绝对值较大值
2		宽度		±4	用尺量两端及中间部，取其中偏差绝对值较大值
3		厚度		±4	用尺量板四角和四边中部位置共 8 处，取其中偏差绝对值较大值
4	对角线差			5	在构件表面，用尺量测两对角线的长度，取其绝对值的差值
5	外形	表面平整度	内表面	4	将 2m 靠尺安放在构件表面上，用楔形塞尺量测靠尺与表面之间的最大缝隙
			外表面	3	
6		侧向弯曲		$L/1000$ 且≤20	拉线，钢尺量最大弯曲处
7		扭翘		$L/1000$	四对角拉两条线，量测两线交点之间的距离，其值的 2 倍为扭翘值
8	预埋部件	预埋钢板	中心线位置偏移	5	用尺量测纵横两个方向的中心线位置，记录其中较大值
			平面高差	0，−5	将尺紧靠在预埋件上，用楔形塞尺量测预埋件平面与混凝土面的最大缝隙
9		预埋螺栓	中心线位置偏移	2	用尺量测纵横两个方向的中心线位置，记录其中较大值
			外露长度	+10，−5	用尺量
10		预埋套筒、螺母	中心线位置偏移	2	用尺量测纵横两个方向的中心线位置，记录其中较大值
			平面高差	0，−5	将尺紧靠在预埋件上，用楔形塞尺量测预埋件平面与混凝土面的最大缝隙

项次	检查项目		允许偏差（mm）	检验方法
11	预留孔	中心线位置偏移	5	用尺量测纵横两个方向的中心线位置，记录其中较大值
		孔尺寸	±5	用尺量测纵横两个方向尺寸，取其最大值
12	预留洞	中心线位置偏移	5	用尺量测纵横两个方向的中心线位置，记录其中较大值
		洞口尺寸、深度	±5	用尺量测纵横两个方向尺寸，取其最大值
13	预留插筋	中心线位置偏移	3	用尺量测纵横两个方向的中心线位置，记录其中较大值
		外露长度	±5	用尺量
14	吊环、木砖	中心线位置偏移	10	用尺量测纵横两个方向的中心线位置，记录其中较大值
		与构件表面混凝土高差	0，−10	用尺量
15	键槽	中心线位置偏移	5	用尺量测纵横两个方向的中心线位置，记录其中较大值
		长度、宽度	±5	用尺量
		深度	±5	用尺量

表 3.4.2-3　预制梁柱桁架类构件外形尺寸允许偏差及检验方法

项次	检查项目			允许偏差（mm）	检验方法
1	规格尺寸	长度	<6m	±5	用尺量两端及中间部，取其中偏差绝对值较大值
			≥6m 且<12m	±10	
			≥12m	±20	
2		宽度		±5	用尺量两端及中间部，取其中偏差绝对值较大值
3		高度		±5	用尺量板四角和四边中部位置共8处，取其中偏差绝对值较大值
4	表面平整度			4	将 2m 靠尺安放在构件表面上，用楔形塞尺量测靠尺与表面之间的最大缝隙
5	侧向弯曲	梁柱		$L/750$ 且≤20	拉线，钢尺量最大弯曲处
		桁架		$L/1000$ 且≤20	
6	预埋部件	预埋钢板	中心线位置偏移	5	用尺量测纵横两个方向的中心线位置，记录其中较大值
			平面高差	0，−5	将尺紧靠在预埋件上，用楔形塞尺量测预埋件平面与混凝土面的最大缝隙
7		预埋螺栓	中心线位置偏移	2	用尺量测纵横两个方向的中心线位置，记录其中较大值
			外露长度	+10，−5	用尺量

项次		检查项目	允许偏差（mm）	检验方法
8	预留孔	中心线位置偏移	5	用尺量测纵横两个方向的中心线位置，记录其中较大值
		孔尺寸	±5	用尺量测纵横两个方向尺寸，取其最大值
9	预留洞	中心线位置偏移	5	用尺量测纵横两个方向的中心线位置，记录其中较大值
		洞口尺寸、深度	±5	用尺量测纵横两个方向尺寸，取其最大值
10	预留插筋	中心线位置偏移	3	用尺量测纵横两个方向的中心线位置，记录其中较大值
		外露长度	±5	用尺量
11	吊环	中心线位置偏移	10	用尺量测纵横两个方向的中心线位置，记录其中较大值
		留出高度	0，—10	用尺量
12	键槽	中心线位置偏移	5	用尺量测纵横两个方向的中心线位置，记录其中较大值
		长度、宽度	±5	用尺量
		深度	±5	用尺量

3.4.3 预制构件运输

由预制构件厂编制运输与堆放方案，其内容应包括运输时间、次序、堆放场地、运输线路、固定要求、堆放支垫及成品保护措施等；对于超高、超宽、形状特殊的大型构件的运输和堆放应有专门的质量安全保证措施。

1. 踏勘和规划运输线路

先在百度、高德地图上进行运输路线的模拟规划，再派车沿规划路线，逐条进行实地勘察验证。对每条运输路线所经过的桥梁、涵洞、隧道等结构物的限高、限宽等要求进行详细调查记录，要确保构件运输车辆无障碍通过；最后合理选择2～3条路线，构件运输车选择其中的1条作为常用的运输路线，其余的1～2条可作为备用方案。

2. 车辆组织

大量的PC构件可借用社会物流运输力量，以招标形式，确定构件运输车队。少量的构件可自行组织车辆运输。

发货前，应对承运单位的技术力量和车辆、机具进行审验，并报请交通主管部门批准，必要时组织模拟运输。

在运输过程中要对预制构件进行规范的保护，最大限度地消除和避免构件在运输过程中的污染和损坏；做好构件成品的防碰撞措施，采用木方支垫、包装板围裹进行保护。

3. 运输方式

预制构架主要采用公路汽车运输的方式。

叠合板采用随车起重运输车（随车吊）运输，墙板和楼梯等构件采用专用构件专用运输车和改装后的平板车进行运输。对常规运输货车进行改装时，要在车厢内设置构件专用固定支架，并固定牢靠后方可投入使用。

预制叠合板、阳台、楼梯、梁、柱等 PC 构件宜采用平放运输，预制墙板宜采用在专用支架框内竖向靠放的方式运输，或采用 A 形专用支架斜向靠放运输，即在运输架上对称放置两块预制墙板。

4. 构件运输应急预案

对构件运输时可能出现的突发事件，制订构件运输应急预案（图 3.4.3）。

1. 竖向构件运输采用插放架垂直靠放在支架上运输；带瓷板构件需覆膜保护。

2. 装车后进行捆扎紧固，由运输司机及发货负责人共同检查。

3. 每车配备倒链4只、包角8只，绑扎带或用钢丝绳打围，包角垫在钢丝绳与构件的结合部位，保护构件不受损伤。

4. 构件与车体之间用硬木支垫，构件底面与硬木之间铺垫柔性胶垫。

5. 运输过程中驾驶员和助手要经常停车检查倒链的松紧度，发现松动及时紧固。

图 3.4.3 构件运输保护示意图

4 预制构件进场验收与堆放

预制构件在工厂制作、组装，同时每个预制构件具有唯一性，一旦某个构件有缺陷，势必会对工程质量、安全、进度、成本造成影响，作为装配式混凝土结构的基本组成单元，也是现场施工的第一个环节，预制构件进场验收至关重要（图4.0.1～图4.0.3）。

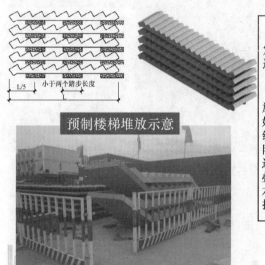

预制楼梯、阳台板现场存放时，用定型的框架进行分类码放，码放部位进行标识。

预制构件严格按照安装顺序进行存放。在预制构件存放场地采用黄漆做好预制构件编号，安装时严格按照该编号顺序进行。存放时注意对楼梯及阳台板进行保护。以保证施工作业的连续，从而提高施工进度。预制楼梯叠放2～4层，下方垫100mm×100mm木方。楼梯到场后立即进行成品保护，起吊时应注意防止端头磕碰。

图4.0.1 预制楼梯堆放示意图

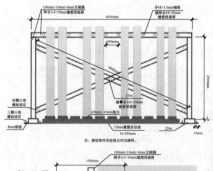

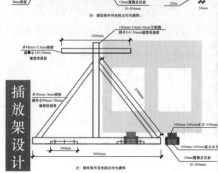

预制墙体现场存放时，用定型的插放架进行分类码放，码放部位进行标识；且应严格按照安装顺序进行存放，在预制构件存放场地采用黄漆做好预制构件编号，安装时严格按照编号顺序进行。预制构件吊装完毕后，立即安排下一层该构件进场，以保证施工作业的连续，从而提高施工进度。

图4.0.2 预制墙体堆放示意图

图 4.0.3 预制竖向构件堆放示意图

4.1 预制构件进场验收

4.1.1 验收程序

预制构件进场时，施工单位应先进行检查，合格后再由施工单位会同构件厂、监理单位、建设单位联合进行进场验收。预制构件的外观质量是否有一般缺陷，对于已经出现的一般缺陷，应根据合同约定按技术处理方案进行处理，并重新检查验收；预制构件的外观质量是否有严重缺陷，对已经出现的严重缺陷，应作退场报废处理；预制构件外观质量判定方法应符合《装配式混凝土建筑技术标准》（GB/T 51231—2016）第 9.7.1条的规定。对于验收合格的构件，后续发生的构件破损责任由施工单位承担。

预制构件进场，应检查明显部位是否标明生产单位、构件型号/编号、生产日期和质量合格标识；预制构件外观不得存有对构件受力性能、安装性能、使用性能有严重影响的缺陷，不得存有影响结构性能和安装、使用功能的尺寸偏差；预制构件上的预埋件、插筋和预留孔洞的规格、位置和数量是否符合标准图或设计要求；产品合格证、产品说明书等相关的质量证明文件是否齐全并与产品相符。

4.1.2 预制构件相关资料的检查

预制构件相关资料需满足第 7 章 7.2 节资料的相关内容。

1. 预制构件合格证的检查

预制构件出厂应带有证明其产品质量的合格证。预制构件进场时由构件生产单位随车人员移交给施工单位。无合格证的产品，施工单位应拒绝验收，更不得使用在工程中。

2. 预制构件性能检测报告的检查

梁板类受弯预制构件进场时应进行结构性能检验，检测结果应符合《混凝土结构工程施工质量验收规范》（GB 50204—2015）中第 9.2.2 条中的相关要求。当施工单位或监理单位代表驻厂监督生产过程时，除设计有专门要求外可不做结构性能检验；施工单位或监理单位应在产品合格证上确认。

3. 拉拔强度检验报告

预制构件表面预贴饰面砖、石材等饰面与混凝土的粘结性能应符合设计和现行有关标准的规定。

4. 技术处理方案和处理记录

对出现的一般缺陷的构件，应重新验收并检查技术处理方案和处理记录。

4.1.3　预制构件外观质量检查

预制构件进场验收时，应由施工单位会同构件厂、监理单位联合进行进场验收。参与验收的人员主要包括：施工单位工程、物资、质检、技术人员；构件厂代表；监理工程师。

1. 预制构件外观的检查

预制构件的混凝土外观质量不应有严重缺陷，且不应有影响结构性能和安装、使用功能的尺寸偏差。预制构件进场时外观应完好，其上印有构件型号的标识应清晰完整，型号种类及其数量应与合格证上一致。对于外观有严重缺陷或者标识不清的构件，应立即退场。此项内容应全数检查。

2. 预制构件粗糙面检查

粗糙面是采用特殊工具或工艺形成预制构件混凝土凹凸不平或骨料显露的表面，是实现预制构件和后浇筑混凝土的可靠结合的重要控制环节。粗糙面应全数检查。

3. 预埋件要检查

预制构件上的预埋件、预留插筋、预留孔洞、预埋管线等规格型号、数量应符合要求。以上内容与后续的现场施工息息相关，施工单位相关人员应全数检查。

4. 外形尺寸偏差检查

预制板类、墙板类、梁柱类构件外形尺寸偏差和检验方法，应分别符合国家规范的规定，允许偏差详见 3.4.2 "预制构件出厂质量控制"章节。检查数量按照进场检验批，同一规格/品种的构件每次抽检数量不应少于该规格/品种数量的 5% 且不少于 3 件。

5. 灌浆孔检查

检查时，可使用细钢丝从上部灌浆孔伸入套筒，如从底部伸出并且从下部灌浆孔可看见细钢丝，即畅通。构件套筒灌浆孔是否畅通应全数检查。

6. 外观检查判定方法

预制构件外观质量判定方法（表4.1.3-1、表4.1.3-2）。

表4.1.3-1 预制构件外观质量判定方法一

项目	现象	质量要求	判定方法
露筋	钢筋未被混凝土完全包裹而外露	受力主筋不应有，其他构造钢筋和箍筋允许少量	观察
蜂窝	混凝土表面石子外露	受力主筋部和支撑点位置不应有，其他部位允许少量	观察
孔洞	混凝土中孔穴深度和长度超过保护层厚度	不应有	观察
夹渣	混凝土中夹有杂物且深度超过保护层厚度	禁止夹渣	观察

表4.1.3-2 预制构件外观质量判定方法二

项目	现象	质量要求	判定方法
内、外形缺陷	内表面缺棱掉角、表面翘曲、抹面凹凸不平，外表面面砖粘结不牢、位置偏差、面砖嵌缝没有达到横平竖直、转角面砖棱角不直、面砖表面翘曲不平	内表面缺陷基本不允许，要求达到预制构件允许偏差；外表面仅允许极少量缺陷，但禁止面砖粘结不牢、位置偏差、面砖翘曲不平超过允许值	观察
内、外表缺陷	内表面麻面、起砂、掉皮、污染，外表面面砖污染、窗框保护纸破坏	允许少量污染不影响结构使用功能和结构尺寸的缺陷	观察
连接部位缺陷	连接处混凝土缺陷及连接钢筋、拉结件松动	不应有	观察
破损	影响外观	影响结构性能的破损不应有，不影响结构性能和使用功能的破损不宜有	观察
裂缝	裂缝贯穿保护层到达构件内部	影响结构性能的裂缝不应有，不影响结构性能和使用功能的裂缝不宜有	观察

4.2 预制构件现场堆放

预制构件的堆放应按规范要求进行，以确保预制构件在使用之前不受破坏，运输及吊装时能快速、便捷找到对应构件为基本原则。

4.2.1 场地要求

（1）施工场地的出入口不宜小于6m。场地内施工道路宽度应满足构件运输车辆双向开行及卸货吊车的支设空间。

（2）若受场地面积限制，预制构件也可由运输车分块吊运至作业层进行安装。构件进场计划应根据施工进度及时调整，避免延误工期。

（3）预制构件的存放场地宜为混凝土硬化地面或经人工处理的自然地坪，应满足平整度和地基承载力要求，并应有排水措施。

（4）堆放预制构件时应使构件与地面之间留有一定空隙，避免与地面直接接触，须搁置于木头或软性材料上。堆放构件的支垫应坚实牢靠，且表面有防止污染构件的措施。

（5）预制构件的堆放场地应满足吊装设备的有效起重范围，尽量避免出现二次吊运，以免造成工期延误及增加费用。场地大小选择应根据构件数量、尺寸及安装计划综合确认。

（6）预制构件应按规格型号、出厂日期、使用部位、吊装顺序分类存放，编号清晰。不同类型构件之间应留有不小于 0.7m 的人行通道。

（7）预制构件存放区域 2m 范围内不应进行电焊、气焊作业，以免污染产品。露天堆放时，预制构件的预埋铁件应有防止锈蚀的措施，易积水的预留、预埋孔洞应采取封堵措施。

（8）预制构件应采用合理的防潮、防雨、防边角损伤措施。堆放边角处应设置明显的警示隔离标识，防止车辆或机械设备碰撞。

4.2.2 堆放方式

构件堆放方法主要有平放和立（竖）放两种，选择时应根据构件的刚度及受力情况区分。通常情况下，梁、柱等细长构件宜水平堆放，且不少于 2 条木支撑；墙板宜采用托架立放，上部两点支撑；楼板、楼梯、阳台板等构件宜水平叠放，叠放层数应根据构件与垫木或垫块的承载力及堆垛的稳定性确定，必要时应设置防止构件倾覆的支架。叠合板预制底板水平叠放层数不应多于 6 层；预制阳台水平叠放层数不应多于 4 层，预制楼梯水平叠放层数不应多于 6 层（图 4.2.2-1～图 4.2.2-3）。

1. 构件平放注意事项

（1）对于宽度不大于 500mm 的构件，宜采用通长垫木。宽度大于 500mm 的构件，可采用不通长垫木，放上构件后可在上面放置同样的垫木。若构件受场地条件限制需增加堆放层数，须经承载力验算。

（2）垫木上下位置之间如果存在错位，构件除了承受垂直荷载，还要承受弯曲应力和剪切力，所以垫木必须放置在同一条垂线上。

（3）构件平放时应使吊环向上、标识朝外，便于查找及吊运。

2. 构件竖放注意事项

（1）立放可分为插放和靠放两种方式。插放时场地必须清理干净，插放架必须牢固，挂钩应扶稳构件，垂直落地。靠放时应有牢固的靠放架，必须对称靠放和吊运，其倾斜度应保持大于 80°，构件上部用垫块隔开。

（2）构件的断面高宽比大于 2.5，堆放时，下部应加支撑或有坚固的堆放架，上部应拉牢固定，避免倾倒。

（3）要将地面压实并铺上混凝土等。铺设路面要修整为粗糙面，防止脚手架滑动。

（4）柱和梁等立体构件要根据各自的形状和配筋选择合适的储存方法。

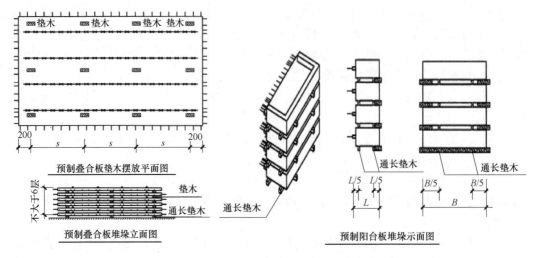

图 4.2.2-1 预制叠合板及阳台板堆放要求

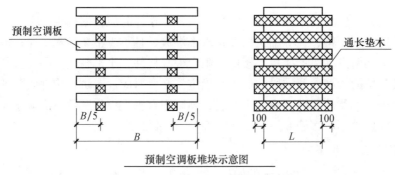

图 4.2.2-2 预制空调板堆放示意图

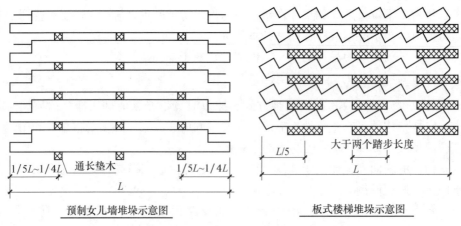

图 4.2.2-3 预制女儿墙、板式楼梯堆放示意图

5 施工工艺控制要点及标准

5.1 转换层施工质量控制

转换层施工好坏，直接影响后续各层预制工程的施工质量，务必高度重视。转换施工钢筋定位工序不仅影响转换层的施工进度，也影响构件的安装精度及灌浆的饱满度；转换现浇层墙板钢筋布置，检查现浇层内预埋钢筋的位置尺寸是否正确，保证上层预制墙板预埋套筒与现浇层钢筋顺利对位。

5.1.1 插筋位置控制

在首层顶板预留墙体插筋的位置使用施工前预先设计定制好的钢筋定位钢板，长度为预制剪力墙长度，宽度为预制剪力墙宽度，待墙体钢筋绑扎完成后，将定位措施筋安装在顶板面上 50mm 处，与顶板模板固定牢固，保证定位首层插筋不会移位。

定位措施筋具体见图 5.1.1-1～图 5.1.1-5。

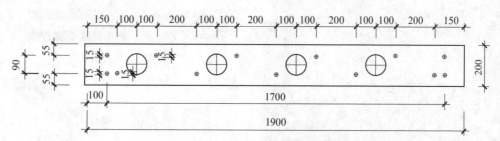

图 5.1.1-1　定位措施筋钢板平面图

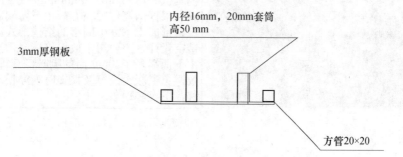

图 5.1.1-2　转换层墙体插筋定位钢板立面图

图 5.1.1-3　定位措施钢筋焊制成品图

喇叭口式钢筋定位模具

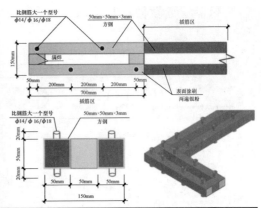

模具框架用50mm×50mm×3mm方钢管焊接而成。根据钢筋位置在方管上下两端制作喇叭口，形成上下大中间小的结构形式。中间为镂空设计，主要用于放振捣棒。由于在钢筋上下两端多了20mm高的喇叭口套管，能有效避免混凝土浇筑及振捣时钢筋松动、位移、下沉等现象。

图 5.1.1-4　定位模具示意图

图 5.1.1-5　定位模具使用实例

　　1.5m 长以下钢板两侧焊制 4 个圆形垫片，1.5～4m 长钢板两侧焊制 6 个圆形垫片，4m 长以上钢板两侧焊制 8 个圆形垫片，垫片直径 50mm、厚 3mm，垫片上打孔并从中穿过直径 16mm 的通丝螺杆，螺杆采用 2 个螺母与垫片锁紧，螺母脚部焊制 3 个螺母用以与模板固定并涂刷防锈漆。

　　在 50mm 高套筒上安装塑料保护帽，插筋从保护帽中穿过，既能控制插筋左右位移又可防止混凝土落入套筒中。

5.1.2　插筋孔位置浇筑后控制

　　在浇筑楼板混凝土时还得重新复核插筋孔位置的偏差，有偏差应及时调整在施工要求控制范围内。

5.2　预制墙板安装质量控制

5.2.1　施工流程

　　基础清理及定位放线→封浆条及垫片安装→预制墙板吊运→预留钢筋插入就位→墙板调整校正→墙板临时固定→砂浆塞缝→PCF 板吊运固定→连接节点钢筋绑扎→套筒灌浆→连接节点封模→连接节点混凝土浇筑→接缝防水处理

　　预制墙板安装施工图解如图 5.2.1-1 所示，灌浆施工图解如图 5.2.1-2 所示。

①放线

②坐浆

③墙板吊装

④墙板支撑安装

⑤垂直度调整

⑥灌浆区封堵

⑦灌浆区灌浆

⑧墙体安装完成

图 5.2.1-1　预制墙板安装施工图解

①检查清洁

②材料计量

③浆料搅拌

④流动度检验

⑤封模灌浆

⑥出浆确认、封堵

⑦拍照记录

⑧过程记录

图 5.2.1-2　灌浆施工图解

5.2.2 工艺控制要点

1. 预制墙板安装要求

（1）预制墙板安装应设置临时斜撑，每件预制墙板安装过程的临时斜撑应不少于 2 道，临时斜撑宜设置调节装置，支撑点位置距离底板不宜大于板高的 2/3，且不应小于板高的 1/2，斜支撑的预埋件安装、定位应准确。

（2）预制墙板安装时应设置底部限位装置，每件预制墙板底部限位装置不少于 2 个，间距不宜大于 4m。

（3）临时固定措施的拆除应在预制构件与结构可靠连接，且装配式混凝土结构能达到后续施工要求后进行。

（4）预制墙板安装过程应符合如下规定：构件底部应设置可调整接缝间隙和底部标高的垫块；钢筋套筒灌浆连接、钢筋锚固搭接连接灌浆前应对接缝周围进行封堵；墙板底部采用坐浆时，其厚度不宜大于 20mm；墙板底部应分区灌浆，分区长度 1~1.5m。

（5）预制墙板校核与调整应符合下列规定：预制墙板安装垂直度应满足外墙板面垂直为主；预制墙板拼缝校核与调整应以竖缝为主、横缝为辅；预制墙板阳角位置相邻的平整度校核与调整，应以阳角垂直度为基准。

2. 定位放线

在楼板上根据图纸及定位轴线，放出预制墙体定位边线及 200mm 控制线，同时在预制墙体吊装前，在预制墙体上放出墙体 500mm 水平控制线，便于预制墙体安装过程中精确定位。

楼板及墙体控制线示意图如图 5.2.2-1 所示。

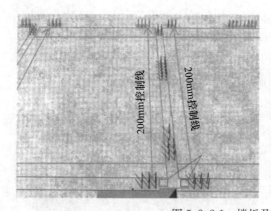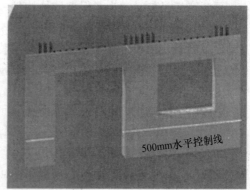

图 5.2.2-1　楼板及墙体控制线示意图

3. 调整偏位钢筋

预制墙体吊装前，为了方便构件快速安装，使用定位框检查竖向连接钢筋是否偏位，偏位钢筋用钢筋套管进行校正，便于后续预制墙体精确安装（图 5.2.2-2）。

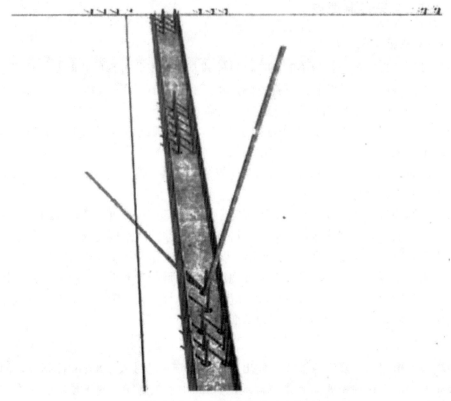

图 5.2.2-2　钢筋偏位校正示意图

4. 预制墙体吊装就位

预制墙板吊装时，为了保证墙体构件整体受力均匀，采用专用吊梁（模数化通用吊梁），专用吊梁由 H 形钢焊接而成，根据各预制构件吊装时不同尺寸、不同的起吊点位置，设置模数化吊点，确保预制构件在吊装时吊装钢丝绳保持竖直。专用吊梁下方设置专用吊钩，用于悬挂吊索，进行不同类型预制墙体的吊装（图 5.2.2-3）。

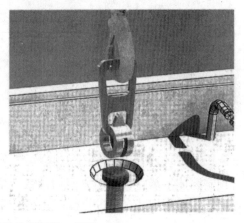

图 5.2.2-3　预制墙体专用吊梁、吊钩

预制墙体吊装过程中，距楼板面 1000mm 处减缓下落速度，由操作人员引导墙体降落，操作人员观察连接钢筋是否对孔，直至钢筋与套筒全部连接；预制墙体安装时，按顺时针依次安装，先吊装外墙板后吊装内墙板。

5. 安装斜向支撑及底部限位装置

预制墙体吊装就位后，先安装斜向支撑，斜向支撑用于固定调节预制墙体，确保预制墙体安装垂直度；再安装预制墙体底部限位装置七字码，用于加固墙体与主题结构的连接，确保后续灌浆与暗柱混凝土浇筑时不产生位移。墙体通过靠尺校核其垂直度，如有偏位，调节斜向支撑，确保构件的水平位置及垂直度均达到允许误差 5mm 之内，相邻墙板构件平整度允许误差±5mm，此施工过程中要同时检查外墙面上下层的平齐情况，允许误差以不超过 3mm 为准。如果超过允许误差，要以外墙面上下层错开 3mm 为准重新进行墙板的水平位置及垂直度调整，最后固定斜向支撑及七字码（图 5.2.2-4）。

图 5.2.2-4 垂直度校正及支撑安装

6. 套筒灌浆施工

预制竖向承重构件采用全灌浆或半灌浆套筒连接方式的，所采用的灌浆工艺基本分为分仓灌浆法和坐浆灌浆法。

构件接触面凿毛→分仓/坐浆→安装钢垫片→吊装预制构件→灌浆施工。

（1）预制构件接触面现浇层应进行凿毛处理，其粗糙面不应小于 4mm，预制构件自身接触粗糙面应控制在 6mm 左右。

（2）分仓法。竖向预制构件安装前宜采用分仓法灌浆，应采用坐浆料或封浆海绵条进行分仓，分仓长度不应大于规定的限值。分仓时应确保密闭空腔，不应漏浆。

（3）坐浆法。竖向预制构件安装前，可采用坐浆法灌浆。坐浆法是采用坐浆料将构件与楼板之间的缝隙填充密实，然后对预制竖向构件进行逐一灌浆，坐浆料强度应大于预制墙体混凝土强度。

（4）安装钢垫片。预制竖向构件与楼板之间通过钢垫片调节预制构件竖向标高，钢垫片一般选择 50mm×50mm，厚度为 2mm、3mm、5mm、10mm，用于调节构件标高。

（5）预制构件吊装。预制竖向构件吊装就位后对水平度、安装位置、标高进行检查。

（6）灌浆作业。灌浆料从下排孔开始灌浆，待灌浆料从上排孔流出时，封堵上排流浆孔，直至封堵最后一个灌浆孔后，持压 30s，确保灌浆质量。

7. 灌浆料使用

套筒灌浆连接应采用由接头型式检验确定相匹配的灌浆套筒、灌浆料。套筒灌浆前应确保底部坐浆料达到设计强度（一般为 24h），避免套筒压力注浆时出现漏浆现象，然后拌制专用灌浆料，灌浆料初始流动性需大于 300mm，30min 流动性需大于等于 260mm。同时，每个班组施工时留置 1 组试块，每组试件 3 个试块，分别用于 1d、3d、28d 抗压强度试验，试块规格为 40mm×40mm×160mm，灌浆料 3h 竖向膨胀率大于等于 0.02%。灌浆料建册完成后，开始灌浆施工。套筒灌浆时，灌浆料使用温度不宜低于 5℃，但不宜高于 30℃。

5.2.3　验收标准

检验仪器：靠尺、塔尺、水准仪。

检验操作：吊装墙板吊装摘钩前，利用水准仪进行水平检验，如果发现墙板底部不够水平，再用靠尺进行复核，若仍然有垂直度偏差，通过塔吊提升加减垫块进行调平为止，偏差在 ±1mm 以内即可。落位后再进行复核，落位垂直度在 ±3mm 以内即合格。

5.3　叠合板安装质量控制

5.3.1　施工流程

预制板进场、验收→放线→搭设板底独立支撑→预制板吊装→预制板就位→预制板校正定位。

叠合楼板下支撑系统施工图解如图 5.3.1 所示。

① 叠合板下支撑安装

② 叠合板下工具支撑布置

③预制墙板与叠合板衔接位置模板

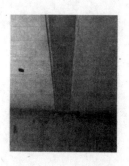

④叠合板后浇板缝混凝土

图 5.3.1 叠合楼板下支撑系统施工图解

5.3.2 工艺控制要点

1. 预制叠合楼板吊装

叠合板起吊时，必须采用多点吊装梁吊装，要求吊装时四个（或者八个，根据设计图纸）吊点，要求钢丝绳受力均匀，起吊缓慢，保证叠合板平稳吊装（图 5.3.2-1～图 5.3.2-3）。

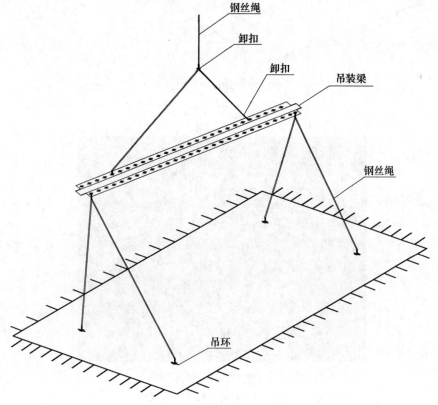

图 5.3.2-1 叠合楼板吊装示意图（一）

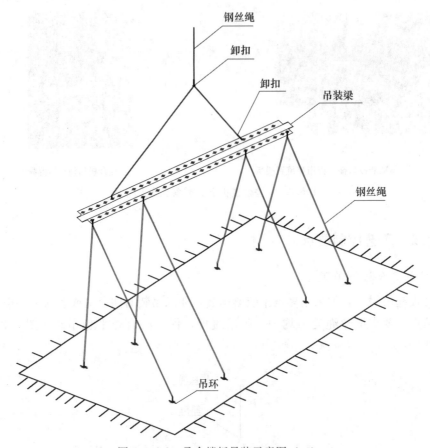

图 5.3.2-2 叠合楼板吊装示意图（二）

4个吊点叠合板吊装现场效果图

图 5.3.2-3 叠合楼板吊装效果图

2. 顶板支撑体系

叠合板下工具式支撑系统由几字形钢木梁＋独立钢支柱＋稳定三脚架组成。
顶板支撑体系如图 5.3.2-4 所示。

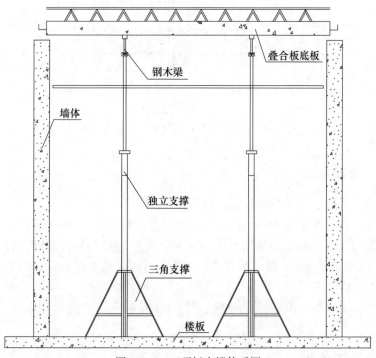

图 5.3.2-4　顶板支撑体系图

3. 机电线盒、线管埋设

各种机电预埋管和线盒在埋设时为了防止位置偏移，采用定制新型线盒，该种线盒有两个穿钢筋套管，使用时利用已穿的附加定位钢筋与主筋绑扎牢固。

叠合板部位的机电线盒和管线根据深化设计图要求，布设机电管线。

4. 叠合板拼缝模板

叠合楼板板带处采用吊模支撑。叠合板接缝处设置成企口形式，木模板嵌入企口中，接缝严密保证成型质量（图 5.3.2-5、图 5.3.2-6）。

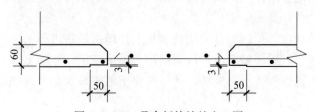

图 5.3.2-5　叠合板接缝处企口图

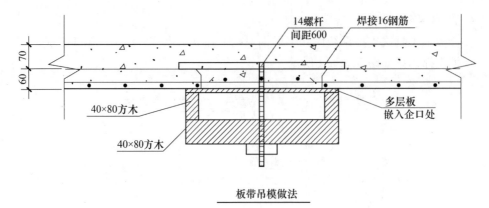

板带吊模做法

图 5.3.2-6　叠合板接缝处企口吊模安装图

5.3.3　验收标准

检验仪器：靠尺、水平激光仪、水准仪。

检验操作：楼板吊装摘钩前，首先使用水平激光仪放射出 1m 标高线，利用水准仪在楼板底部进行水平检验，如果发现板底部不够水平，然后通过调节可调顶托，直到偏差在 ±3mm 以内即可验收。落位后再进行复核，落位水平度在 ±5mm 以内即可验收。

5.4　预制阳台板、空调板施工质量控制

5.4.1　施工流程

施工准备→定位放线→阳台板、空调板支撑安装并与结构内侧拉结固定→板底支撑标高调整→阳台板、空调板吊装→校核阳台板、空调板标高和位置→阳台板、空调板临时性拉结固定→阳台板、空调板钢筋与梁板钢筋绑扎固定→梁板混凝土浇筑→混凝土强度达到规定强度拆除支撑。

5.4.2　工艺控制要点

（1）阳台支撑体系搭设。预制阳台支撑采用碗扣架（或其他架体形式）搭设，同时根据阳台板的标高位置将支撑体系的顶托调至合适位置处。为保证预制阳台板支撑体系的整体稳定性，利用连墙件的形式设置拉结点，将预制阳台板支撑体系与外墙连成一体（图 5.4.2-1）。

（2）阳台吊装就位。预制阳台采用预制板上预埋的吊钉进行吊装。

确认卸扣连接牢固后缓慢起吊；待预制阳台板吊装至作业面上 500mm 处略作停顿，根据阳台板安装位置控制线进行安装。就位时要求缓慢放置，严禁快速猛放，以免造成阳台板振折损坏。

阳台板按照弹好的控制线对准安放后，利用撬棍进行微调，就位后采用 U 托进行标高调整。

（3）阳台吊装就位后根据标高及水平位置线进行校正。

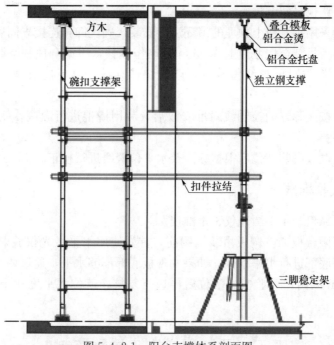

图 5.4.2-1 阳台支撑体系剖面图

（4）阳台部位的机电管线铺设，管线铺设时必须依照机电管线铺设深化布置图进行。

（5）待机电管线铺设完毕后进行叠合板上铁钢筋绑扎，为保证上铁钢筋的保护层厚度，钢筋绑扎时利用叠合板的桁架钢筋作为上铁钢筋的马镫。叠合层上铁钢筋验收合格后进行混凝土浇筑。

（6）全预制空调板支撑体系搭设。全预制空调板支撑采用碗扣架搭设，同时根据全预制空调板的标高位置线将支撑体系的顶托调至合适位置处（图 5.4.2-2）。

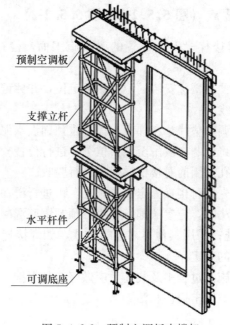

图 5.4.2-2 预制空调板支撑架

(7) 预制空调板吊装就位。

预制空调板采用预制板上预埋的吊环进行安装,确认卸扣连接牢固后缓慢起吊。

待预制空调板吊装至作业面上 500mm 处略作停顿,根据全预制空调板安装位置控制线进行安装。就位时要求缓慢放置,严禁快速猛放,以免造成全预制空调板振折损坏。

预制空调板按照弹好的控制线对准安放后,利用撬棍进行微调,就位后采用 U 顶托进行标高调整。

(8) 预制空调板吊装就位后根据标高及水平位置线进行校正。

5.4.3 验收标准

检验仪器:靠尺、水平激光仪、水准仪。

检验操作:阳台板、空调板吊装摘钩前,首先使用水平激光仪放射出 1m 标高线,利用水准仪在板底部进行水平检验,如果发现板底部不够水平,通过调节可调顶托,直到偏差在 ±3mm 以内即可验收。落位后再进行复核,落位水平度在 ±5mm 以内即可验收。

5.5 预制楼梯施工质量控制

5.5.1 施工流程

预制楼梯构件检查编号确认→预制楼梯位置放线→清理安装面、设置垫片、铺设砂浆→预制楼梯吊装→缓慢放置预安装面,并调整校核安装位置→楼梯固定端焊接规定或灌浆连接→楼梯滑移端固定及灌浆连接→楼梯段安装防护面、成品保护。

5.5.2 工艺控制要点 (图 5.5.2-1、图 5.5.2-2)

(1) 施工准备:清理楼梯段安装位置的梁板施工面,检查预制楼梯构件规格及编号。

(2) 定位放线:进行预制楼梯安装的位置测量定位,并标记梯段上下安装部位的水平位置与垂直位置的控制线。

(3) 调节梯段位置:调整垫片,在梯段支撑部位预铺设水泥砂浆找平层。

(4) 吊装板式楼梯:将预制梯段吊至预留位置,进行位置校正。

(5) 在楼梯销件预留孔封闭前对楼梯梯段板进行验收。

(6) 按照设计要求,先进行楼梯固定铰端施工,再进行滑动铰端施工;楼梯采用销键预留洞与梯梁连接的做法时,应参照国标图集《预制钢筋混凝土板式楼梯》(15G367-1)固定铰端节点做法实施;采用其他可靠连接方式,如焊接连接时,应符合设计要求及国家先行有关施工标准的规定。

(7) 预制楼梯段安装施工过程中及装配后应做好成品保护,成品保护可采取包裹盖遮等有效措施,防止构件被撞击损伤和污染。

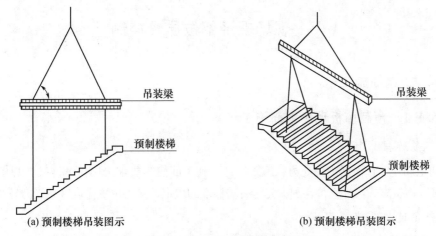

(a) 预制楼梯吊装图示　　　　　　　　　(b) 预制楼梯吊装图示

图 5.5.2-1　预制楼梯吊装图示

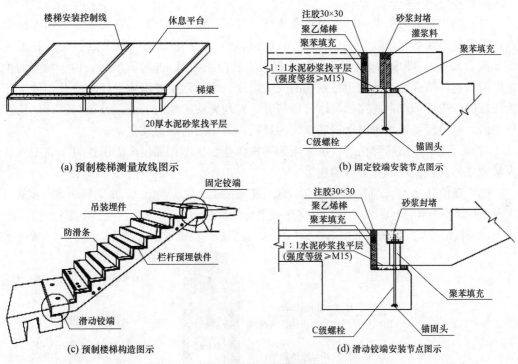

(a) 预制楼梯测量放线图示　　　　　　　(b) 固定铰端安装节点图示

(c) 预制楼梯构造图示　　　　　　　　　(d) 滑动铰端安装节点图示

图 5.5.2-2　预制图示

5.5.3　验收标准

检验仪器：靠尺、水准仪。

检验操作：楼梯吊装摘钩前，利用水准仪在楼板底部进行水平检验，如果发现楼板底部不够水平，通过碗扣架支撑体系调整 U 托高度，增减钢垫片将预制楼梯板调平，直到偏差在±5mm 以内即可验收。落位后再进行复核，落位水平度在±8mm 以内即可验收。

5.6 现场现浇部位质量控制

5.6.1 钢筋施工

5.6.1.1 预制墙板现场钢筋施工

1. 钢筋连接

竖向钢筋连接宜根据接头受力、施工工艺、施工部位等要求选用机械连接、焊接连接、绑扎搭接等连接方式，并应符合国家先行有关标准的规定；接头位置应设置在受力较小处。

2. 钢筋连接工艺流程

套暗柱箍筋→连接竖向受力筋→在对角主筋上画箍筋间距线→绑箍筋

3. 钢筋连接施工

（1）装配式剪力墙结构暗柱节点主要有一字形、L形、T形几种形式。T形模板节点详图及施工现场如图 5.6.1-1、图 5.6.1-2 所示。一字形模板安装节点做法及施工现场如图 5.6.1-3、图 5.6.1-4 所示。L形模板安装做法如图 5.6.1-5 所示。由于两侧的预制墙板均有外伸钢筋，因此暗柱钢筋的安装难度较大，需要在深化设计阶段及构件生产阶段就进行暗柱节点钢筋穿插顺序分析研究，发现无法实施的节点，及早与设计单位进行沟通，避免现场施工时出现钢筋安装困难或临时切割的现象发生。

（2）后浇节点钢筋绑扎时，可采用人字梯作业，当绑扎部位高于围挡时，施工人员应佩戴穿心自锁保险带并做可靠连接。

（3）在预制板上标定暗柱箍筋位置，预先把箍筋交叉放置就位（L形的将两方向箍筋依次置于两侧外伸钢筋上）；先对预留竖向连接钢筋位置进行校正，然后再连接上部竖向钢筋。

现浇板带模板安装做法如图 5.6.1-6 所示，叠合板现浇板带施工现场如图 5.6.1-7 所示。

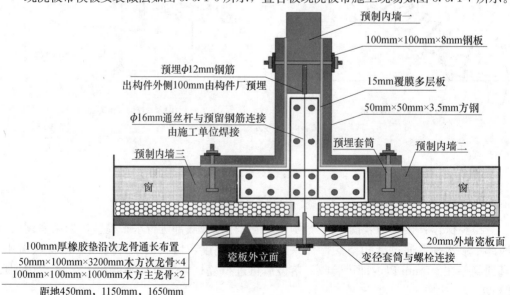

图 5.6.1.1-1　T形模板节点详图

图 5.6.1.1-2　T 形模板安装现场图

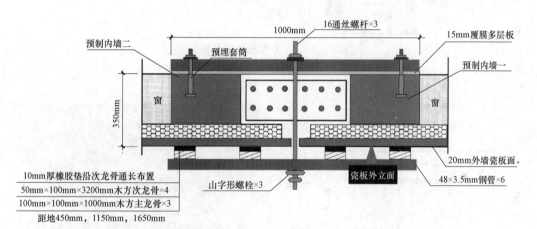

图 5.6.1.1-3　一字形模板安装节点做法

图 5.6.1.1-4　一字形模板安装施工图

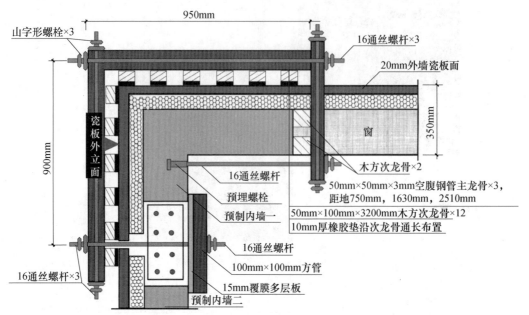

图 5.6.1.1-5　L 形模板安装做法

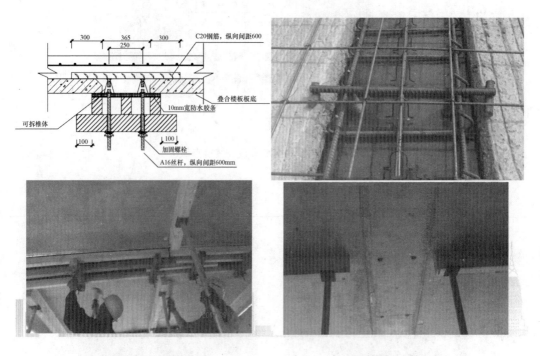

(a) 现浇板带清水模板节点　　　　　　　(b) 现浇板带支模示意

图 5.6.1.1-6　现浇板带模板安装做法

图 5.6.1.1-7 叠合板现浇板带施工现场

5.6.1.2 叠合板、阳台现场钢筋施工

（1）叠合板钢筋绑扎前，清理干净叠合板上杂物，根据钢筋间距弹线绑扎，上部受力钢筋带弯钩时，弯钩向下摆放，应保证钢筋搭接和间距符合设计要求。

（2）安装预制墙板用的斜支撑预埋件应及时埋设，预埋件定位应准确，并采用可靠的防污染措施。

（3）钢筋绑扎过程中，应注意避免局部钢筋堆载过大。

（4）为保证上铁钢筋的保护层厚度，可利用叠合板的桁架钢筋作为上铁钢筋的马镫。

5.6.2 模板施工

在装配施工中，现浇节点的形式与尺寸重复较多，可采用铝模或钢模，在现场组装模板时，施工人员应对照模板设计图纸有计划地进行对号分组安装，对安装过程中的累计误差进行分析，找出原因后做相应的调整措施。模板安装完后，质检人员应作验收处理，验收合格签字确认后方可进行下一道工序。

5.6.3 混凝土施工

（1）由于是预制剪力墙节点一般高度大、长度小、钢筋密集，混凝土浇筑时要边浇筑边振捣。此处的混凝土浇筑需重视，否则很容易出现蜂窝、麻面、狗洞。

（2）为使叠合层具有良好的粘结性能，在混凝土浇筑前应对预制构件做粗糙面处理并对浇筑部位做清理润湿处理，同时，对浇筑部位的密封性进行检查验收，对缝隙处作密封处理，避免混凝土浇筑后的水泥浆液溢出对预制构件造成污染。

（3）叠合层混凝土浇筑。叠合层厚度较小，应当使用平板振捣器振捣，要尽量使混凝土中的气泡逸出，以保证振捣密实。叠合板混凝土浇筑应考虑叠合板受力均匀，可按照先内后外的浇筑顺序进行。

（4）浇水养护。要求保持混凝土湿润养护 7d 以上。

6 常见质量问题及对策

6.1 转换层施工质量问题及控制

1. 转换层顶板混凝土浇筑

问题：墙体位置顶板标高控制不到位，竖向构件安装后缝隙过小，无坐浆封仓操作面。

原因分析：墙体位置因为安装定位钢板，操作空间较小，放灰收面过程中标高控制不到位。

防治措施：浇筑前做好对混凝土工的技术交底及培训，提高工人的责任心。浇筑过程中控制好顶板标高，收面过程中加强管控。

2. 转换层钢筋定位

问题：转换层竖向钢筋定位不准确，竖向构件安装困难。

原因分析：墙体楼板浇筑混凝土钢筋偏位。

防治措施：根据墙体钢筋位置制作钢筋定位钢板，在墙体顶板浇筑前安装，可有效解决转换层钢筋定位问题。

6.2 钢筋问题及控制

问题：纵向钢筋机械连接部分使用Ⅱ级接头，预留过长，竖向构件安装困难。

原因分析：使用Ⅱ级接头，接头面积50%，预留钢筋过长，竖向构件预留箍筋无法顺利穿过竖向钢筋。

防治措施：根据《装配式混凝土结构连接节点构造》15G310-2第17页的要求，采用Ⅰ级接头，接头面积100%，钢筋甩出楼板高度200mm，竖向构件可顺利安装。

6.3 模板问题及控制

6.3.1 竖向模板问题及控制

问题：模板安装与PC构件接口不密实，混凝土浇筑振捣漏浆。

原因分析：模板与PC构件属于质硬性材料，相互贴合存在间隙，且结合部密封处理不到位。

防治措施：模板安装前，模板与PC构件接口处贴泡沫胶条，填充模板与构件安装间隙。

6.3.2 PCF 转角板问题及控制

问题：混凝土浇筑时，PCF 板偏位。

原因分析：①PCF 板对拉螺杆未按规范布置；②墙柱一次性浇筑，PCF 板侧压力太大胀模。

防治措施：①PCF 板增加对拉螺杆，增强与内模对拉力，限制构件水平位移。②PCF板阳角增加外墙外侧背楞加固。③墙柱分次浇筑，减小浇筑时产生的侧压力。

6.3.3 叠合板现浇带问题及控制

问题：模板安装与叠合板接口不密实，混凝土浇筑振捣漏浆、胀模。

原因分析：模板与叠合板相互贴合存在间隙，结合部密封处理不到位。

防治措施：叠合板现浇带位置设置宽 50mm、高 4mm 的企口，15mm 厚覆膜多层板模板安装在两侧叠合板企口内部，模板安装前在接口处贴海绵条填充模板与构件安装间隙，并采用吊模方式进行支撑。

叠合板现浇板带上部和下部加固如图 6.3.3-1 和图 6.3.3-2 所示。

图 6.3.3-1 叠合板现浇板带上部加固　　　图 6.3.3-2 叠合板现浇板带下部加固

6.4 构件问题及控制

6.4.1 竖向构件问题及控制

问题 1：构件安装偏位。

原因分析：①外墙板落位超出控制边线或端线未校正；②构件本身存在偏差，校准后仍偏位。

防治措施：①做好构件进场前的检查验收工作，不符合标准的构件严禁进入现场。②进场后做好复核工作，发现构件质量不符合标准要求更换或返厂处理（要求厂家出具处理方案）。

构件标准根据《装配式混凝土结构技术规程》（JGJ 1—2014）进行检验，见表 6.4.1。

表 6.4.1 构件检验

项目			允许偏差（mm）	检验方法
长度	板、梁、柱、桁架	＜12m	±5	尺量检查
		≥12m 且＜18m	±10	
		≥18m	±20	
	墙板		±4	
高度、高（厚）度	析、梁、柱、桁架截面尺寸		±5	钢尺量一端及中部，取其偏差绝对值较大处
	墙板的高度、厚度		±3	
表面平整度	板、梁、柱、墙板内表面		5	2m 靠尺和塞尺检查
	墙板外表面		3	
侧向弯曲	板、梁、柱		$l/750$ 且≤20	拉线、钢尺量最大侧向弯曲处
	墙板、桁架		$l/1000$ 且≤20	
翘曲	板		$l/750$	调平尺在两端量测
	墙板		$l/1000$	
对角线差	板		10	钢尺量两个对角线
	墙板、门窗口		5	
挠度变形	梁、板、桁架设计起拱		±10	拉线、钢尺量最大弯曲处
	梁、板、桁架下垂		0	
预留孔	中心线位置		5	尺量检查
	孔尺寸		±5	
预留洞	中心线位置		10	尺量检查
	洞口尺寸、深度		±10	
门窗口	中心线位置		5	尺量检查
	宽度、高度		±3	
预埋件	预埋件锚板中心线位置		5	尺量检查
	预埋件锚板与混凝土面平面高差		0，−5	
	预埋螺栓中心线位置		2	
	预埋螺栓外露长度		+10，−5	
	预埋套筒、螺母中心线位置		2	
	预埋套筒、螺母与混凝土面平面高差		0，−5	
	线管、电盒、木砖、吊环在构件平面的中心线位置偏差		20	
	线管、电盒、木砖、吊环与构件表面混凝土高差			
预留插筋	中心线位置		3	尺量检查
	外露长度		+5，−5	
键槽	中心线位置		5	尺量检查
	长度、宽度、深度		±5	

（3）校核吊装控制线，找出构件偏位原因与偏位尺寸。

（4）微调斜支撑丝杆，同时配合撬棍水平挪动构件，校准构件位置至允许偏差范围。偏差较大需使塔吊重新起吊安装。

问题 2：构件安装完成后拼缝大小头，影响外墙拼缝打胶和立面美观。

原因分析：①构件底部垫块或调节螺栓标高设置不一致，构件安装倾斜。②构件安装完成后垂直度与标高未校核。③竖向钢筋有位移，构件安装不到位。

防治措施：①构件吊装前仔细检查垫块或调节螺栓标高。②构件安装完成后通过斜支撑调校垂直度，允许偏差控制在 5mm 以内。③顶板浇筑完成后校核竖向钢筋是否有位移，调整完成后安装构件，保证竖向钢筋插入构件螺栓孔内至控制标高。

6.4.2　叠合板问题及控制

问题 1：叠合板安装后，板底不平。

原因分析：①叠合板支撑不平整，安装后板底架空，受力变形。②叠合板支撑间距过大。

防治措施：①调节支撑立杆高度，保证板底标高一致。浇筑前进行第二次校核。②独立支撑立杆距墙板边≥300mm 且≤800mm，立杆间距＜1.8m。③叠合板落位后，检查支撑立杆有无悬空松动，调整、紧固立杆，使立杆受力均衡。

问题 2：叠合板表面开裂。

原因分析：①叠合板现浇层养护不到位。②叠合板支撑拆除过早。③集中堆放物料。

防治措施：①叠合板现浇层需及时洒水湿润养护，并且养护时间不小于 7d。②叠合构件在后浇混凝土强度达到设计要求后，方可拆除支撑或承受施工荷载。③堆放物料时应满足荷载要求，并均匀分散堆放，不得集中堆放。

6.5　灌浆问题及控制

问题 1：套筒灌浆施工困难，灌浆堵管、漏浆、灌浆后破坏。

原因分析：①灌浆料搅拌时放料配比不对，搅拌完成后时间过长而丧失流动性。②灌浆前封仓有遗漏，封仓时间较短，便开始灌浆。③灌浆后养护时间过短，下一道施工工序破坏。

防治措施：①严格按照产品出厂检验报告要求的水料比用电子秤分别称量灌浆料和水。搅拌后静置 2min 后使用，30min 内用完，搅拌完成后禁止再次加水。每台班检查初始流动性，标准为≥300mm。②封仓完成后仔细检查，确认无遗漏，待达到强度要求开始灌浆。灌浆时若出现漏浆现象，则停止灌浆并处理漏浆部位。漏浆严重，则提起预制墙板重新封仓。③灌浆完成后，在墙板上注明灌浆完成时间（具体到分）。根据环境温度不同，调整下道工序施工时间。通常 15℃以上，24h 内构件不得扰动；5～15℃，48h 内构件不得扰动。

问题 2：无法灌浆或灌浆不饱满。

原因分析：①PC 构件制作或未吊装前，有碎屑或异物进入。②竖向钢筋偏斜，构件安装前未校正，钢筋贴壁，间隙过小或堵塞灌浆口，导致灌浆料无法顺利通过。③灌浆料流动性不足，导致孔道内灌浆困难，影响接头连接质量。

6.6 临时斜支撑预埋螺栓问题

建议构件厂生产叠合板预留预埋螺栓，牢固性有保证，但需要求构件厂定位准确。同时可以节约现场施工成本（图 6.6-1、图 6.6-2）。

图 6.6-1 预埋螺栓预留

图 6.6-2 顶板局部开裂

7 相关试验及工程资料

7.1 试验

（1）坐浆料原材试验：原材复试 50t 一批。原材厂家提供厂家资质、形式检验报告、合格证。

（2）灌浆料原材试验：原材复试 50t 一批。原材厂家提供厂家资质、形式检验报告、合格证。

（3）灌浆料试块留置：

①试块规格：40mm×40mm×160mm，1d、3d 各一组，至少 3 组 28d 试块。1d、3d 为同条件试块。28d 为标准养护试块。

②灌浆料连接试件（一组 3 个试件）一层一做，也可以根据现场实际情况按几个楼一层都是一天完成的取样。

③灌浆料试块 1d 达到 35MPa，3d 达到 60MPa，28d 达到 85MPa。

（4）坐浆料试块规格：70.7mm×70.7mm×70.7mm，28d 标养每层不少于 3 组；坐浆料达到设计强度要求（高于预制剪力墙抗压强 10MPa，且不低于 40MPa）。

（5）预制构件连接节点部位墙体，框架梁、顶板现浇部分预留一组同条件试块一组，强度不低于 75%，拆除斜支撑（DB11/T 1030—2013 4.3.5）。

（6）执行标准：

①灌浆料、坐浆料原材执行标准为《钢筋连接用套筒灌浆料》（JG/T 408—2013）。

②灌浆料连接试件执行标准《钢筋套筒灌浆连接应用技术规程》（JGJ 355—2015）。

③坐浆料试块执行标准为《建筑砂浆基本性能试验方法标准》（JGJ/T 70—2009）。

装配式相关试验内容见表 7.1.1。

表 7.1.1　装配式相关试验内容

序号	材料名称	厂家提供资料	试验要求			
			试验类型	取样原则	复试项目	依据及说明
1	灌浆料	进场报验需提供型式检验报告，有效期 2 年	原材复试	灌浆料进场时，同一成分、同一批号灌浆料，不超过 50t（应在构件生产前完成第一批）	30min 流动度、泌水率、3d 抗压强度、28d 抗压强度、3h 竖向膨胀率、24h 与 3h 竖向膨胀率差值	JGJ 355—2015 7.0.4
			现场取样	标准养护：每层一检验批，每工作班制作一组且每层不应少于 3 组 40mm×40mm×160mm 试件	标准养护 28d 后进行抗压强度试验及评定记录	JGJ 1—2014 13.2.3 JGJ 355—2015 7.0.9

序号	材料名称	厂家提供资料	试验要求			
			试验类型	取样原则	复试项目	依据及说明
1	灌浆料	进场报验需提供型式检验报告，有效期2年；	现场取样	灌浆料同条件养护试件：1d（35MPa）、3d（60MPa，强度75%以上）	抗压强度达到35MPa后，方可进行对接头扰动施工	JGJ 355—2015 6.3.11
					当设计无要求时，应达到设计强度的75%以上方可拆除预制墙板斜支撑和限位装置	DB11/T 1030—2013 4.3.5
2	灌浆套筒连接接头	接头提供单位：进场报验需提供型式检验报告，有效期4年	型式检验	应由接头提供单位提交所有规格接头的有效型式检验报告：①工程中应用的各种钢筋强度级别、直径对应的型式检验报告应齐全；②型式检验报告送检单位与现场接头提供单位应一致；③型式检验报告中的接头类型、灌浆套筒规格、级别、尺寸，灌浆料型号与现场使用的产品应一致；④型式检验报告应在4年有效期内，可按灌浆套筒进场（场）验收日期确定；⑤型式检验报告应符合JGJ 355—2015附录A要求	型式检验试件数量与检验项目应符合下列规定：①对中接头试件应为9个，其中3个做单向拉伸试验，3个做高应力反复拉压试验，3个做大变形反复拉压试验。②偏置接头试件应为3个，做单向拉伸试验。③钢筋试件应为3个，做单向拉伸试验。④全部试件的钢筋均应在同一炉批号的1根或2根钢筋上截取。⑤灌浆料拌合物制作的40mm×40mm×160mm试件不应少于1组，并宜留设不少于2组；接头试件及灌浆料试件应在标准养护条件下养护；⑥型式检验时，灌浆料抗压强度不应小于80MPa，且不应大于95MPa	JGJ 355—2015 7.0.2
						JGJ 355—2015 5.0.3/5.0.4/5.0.5/附录A
			工艺检验	灌浆施工前，应对不同钢筋生产企业的进场钢筋进行接头工艺检验：①施工过程中，当更换钢筋生产企业，或有较大差异时，应再次进行。②埋入预制构件时，工艺检验预制构件生产前进行。③当现场施工单位与工艺检验灌浆单位不同，灌浆前应再次进行。④每种规格钢筋应制作3个对中套筒灌浆连接接头。⑤拌合物制作40mm×40mm×160mm试件不应少于1组；接头试件及灌浆料试件应在标准养护条件下养护28d	屈服强度、残余变形、抗拉强度、最大力下总伸长率、灌浆料28d抗压强度	JGJ 355—2015 7.0.5/附录A.0.2

续表

序号	材料名称	厂家提供资料	试验要求			
			试验类型	取样原则	复试项目	依据及说明
2	灌浆套筒连接接头	接头提供单位：进场报验需提供型式检验报告，有效期4年；	对中连接接头试件（平行加工试件）（构件生产前）	灌浆套筒进场（厂）时，应抽取灌浆套筒且采用与之匹配的灌浆料制作对中连接接头试件，并进行抗拉强度检验，检验结果抗拉强度不应小于连接钢筋抗拉强度标准值，且破坏时应断于接头外钢筋	同一批号、同一类型、同一规格的灌浆套筒，不超过1000个为一批，每批随机抽取3个灌浆套筒制作对中连接接头试件。试件应模拟施工条件并按施工方案制作，且在标准养护条件下养护28d。	JGJ 355—2015 7.0.6/3.2.2 对于埋入预制构件的灌浆套筒。本条规定的检验应在构件生产过程中进行，预制构件混凝土浇筑前应确认接头试件检验合格（故构件生产前按本条原则取样）
				预制结构构件采用钢筋套筒灌浆连接时，应在构件生产前进行钢筋套筒灌浆连接接头的抗拉强度试验，每种规格的连接接头试件数量不应小于3个	制作钢筋机械连接和套筒灌浆连接组合接头试件，标准养护28d后进行抗拉强度试验，试验合格后方可使用	
			现场接头抗拉（平行加工试件）（现场灌浆）	灌浆时，按灌浆批次，模拟施工条件制作相应数量的平行试件，3个试件/组	进行抗拉强度检验	JGJ 1—2014 11.1.4 京建法〔2018〕6号
3	坐浆料	进场提供型检报告	现场取样	按批检验，以每层为一检验批；每工作班应制作一组且每层不应少于3组边长为70.7mm的立方体试件，标养28d	进行抗压强度试验及评定记录	JGJ 1—2014 13.2.4
4	预制构件	进场提供结构性能检验	结构性能检验	专业企业生产预制构件进场时，钢筋混凝土构件应进行承载力、挠度和裂缝宽度检验	同一类型预制构件不超过1000个为一批，每批随机抽取一个构件进行结构性能检验	GB 50204—2015 9.2.2

7.2 资料

7.2.1 构件厂资料

（1）构件厂资质文件。

（2）构件厂首件验收记录（京建法〔2018〕6号）。

（3）构件进场需要提供：临时合格证后附同条件或标养28d抗压强度报告；主要原材料试验报告，包括钢筋、水泥、外加剂、保温材料；套筒、预埋管线等材质单、出厂检验报告；配合比、试压块强度报告；产品性能检测报告（楼梯）；1000个为一个检验批做一组对中抗拉接头试件（28d）标养，钢筋连接接头及套筒灌浆接头工艺检验报告；灌浆套筒型式检验报告（有效期为4年）；套筒灌浆连接接头型检报告（有效期4年，复试项目）；钢筋连接灌浆料型检报告（有效期2年，复试项目）。

（4）夹芯保温外墙板传热系数检测报告（京建法〔2018〕6号）。

（5）预制构件表面预贴饰面砖、石材等饰面与混凝土的粘结性能，提供拉拔强度检验报告（GB/T 51231—2016 11.2.4）。

（6）预制构件采用型钢焊接连接时，型钢焊缝的接头质量应满足设计要求和 GB 50661、GB 50205 的有关规定，需提供钢材合格证、质量证明文件及焊缝探伤检测报告（GB/T 51231—2016 11.3.8）。

（7）预制构件采用螺栓连接时，螺栓的材质、规格、拧紧力矩应符合设计要求及 GB 50017、GB 50205 的有关规定，需提供螺栓及连接摩擦面抗滑移系数检测报告（GB/T 51231—2016 11.3.9）。

（8）隐蔽工程验收记录，包括钢筋、钢筋接头、预埋件、预留洞、预埋管（GB 50204—2015 9.1）及外墙保温材料的隐蔽工程验收记录。

7.2.2　现场施工资料

（1）构件进场报验（现场需填写装配式结构预制构件进场检查记录（见表7.2.2-1、表7.2.2-2）。

（2）坐浆料、灌浆料、密封胶的资质文件、合格证、使用说明书、检测报告；进场复试报告。

（3）构件吊装记录表（C5～C10）。

（4）首层吊装完成后首段验收（竖向构件和水平构件第一次完成分别作，见表7.2.2-3），首段验收需构件厂家、施工单位、监理单位、设计单位、建设单位参加，并留存影像资料（京建法〔2018〕6号）。

（5）装配式混凝土结构连接节点及叠合构件浇筑混凝土前，应进行隐蔽工程验收（GB/T 51231—2016 11.1.5）。

（6）外墙板接缝的防水性能应符合设计要求。每1000m² 外墙划分为一个检验批，检查现场淋水试验报告（GB/T 51231—2016 11.3.11）。

（7）外墙防水施工质量检验记录（GB/T 51231—2016 11.1.6第7条）。

（8）装配式混凝土结构检验批质量验收记录（GB/T 51231—2016、DB11/T 1030—2013）。

（9）住宅建筑装配式内装工程应进行分户验收，划分为一个检验批；公共建筑装配式内装工程应按照功能区间进行分段验收，划分为一个检验批（GB/T 51231—2016 11.4.3）

（10）坐浆料、灌浆料标养28d试块强度统计评定记录。

7.2.3　灌浆分包资料

（1）灌浆分包单位资质文件。

（2）套筒灌浆工人上岗证书。

（3）灌浆施工检查记录（见表7.2.3）及影像资料。影像资料应包括灌浆作业人员、施工专职检验人员及监理人员同时在场记录（京建法〔2018〕6号）。

表 7.2.2-1　装配式结构预制构件进场检查记录（竖向构件）

工程名称：×××工程项目—　　　　　　　　　楼层　　　　　　　　　　　编号：

序号	检查项目		竖向构件＿＿＿＿构件型号（□外墙、□内墙、□PCF 板、□楼梯间隔板）									
1	预制构件质量检验（质量证明文件）		产品合格证、混凝土强度检测报告　　是□/否□　齐全									
2	外观质量检查（有无一般质量缺陷、有无严重质量缺陷）		有□/无□　一般质量缺陷									
3	预埋件等材料质量、规格和数量，预留孔、洞规格、数量		共＿＿＿处，全部检查，合格＿＿＿处									
4	构件主要尺寸检查	墙板长度	±4									
5		墙板宽度、高度	±3									
6		墙保护层	±3									
7		墙体预留筋中心位置	5									
8		墙体预留筋长度	+10，−5									
9		墙板内表面平整度	5									
10		墙板外表面平整度	3									
11		墙板侧向弯曲	L/1000 且≤20									
12		墙板翘曲	L/1000									
13	预制构件尺寸的允许偏差（mm）	墙板对角线	5									
14		预留孔中心位置	5									
15		预留孔尺寸	±5									
16		预留洞中心位置	10									
17		预留洞尺寸、深度	±10									
18		预埋板中心线位置	5									
19		预埋板与混凝土面平面高差	0，−5									
20		预埋套筒中心线位置	2									
21		预留钢筋中心位置	5									
22		预留钢筋外露长度	+10，−5									
23		灌浆套筒通透性											
24		套筒内杂质											

专业质检员：　　　　　专业工长：　　　　　专业监理工程师：　　　　　检查日期：

表 7.2.2-2 装配式结构预制构件进场检查记录（水平构件）

工程名称：×××工程项目-　　　　　　　　　　　楼层　　　　　　　　　　　编号：

序号	检查项目		水平构件_____构件型号（□叠合板、□空调板、□楼梯板）									
1	预制构件质量检验（质量证明文件）		产品合格证、混凝土强度检测报告　是□／否□　齐全									
2	外观质量检查（有无一般质量缺陷、有无严重质量缺陷）		有□／无□　一般质量缺陷									
3	预埋件等材料质量、规格和数量，预留孔、洞规格、数量		共____处，全部检查，合格____处									
4	构件主要尺寸检查	楼板长度	±5									
5		楼板宽度、高度	±5									
6		楼板保护层	±3									
7		楼板桁架筋高度	+5，0									
8		楼板内表面平整度	5									
9		楼板侧向弯曲	$L/750$ ≤20									
10	预制构件尺寸的允许偏差（mm）	楼板翘曲	$L/750$									
11		楼板对角线	10									
12		预留孔中心线位置	5									
13		预留孔尺寸	±5									
14		预留钢筋中心位置	5									
15		预留钢筋外露长度	+10，-5									
16		预制构件的粗糙面的质量及键槽的数量	第9.2.8条									

专业质检员：　　　　　专业工长：　　　　　专业监理工程师：　　　　　检查日期：

表 7.2.2-3　首段混凝土预制构件安装验收记录

工程名称	×××工程项目
构件名称及编号	A-YWQ2a、A-YWQ3a、B-YWQ5aF 等，A-YNQ3a、A-YNQ4a 等，A-PCF1a、B-PCF1a 等
安装位置	6 号住宅楼（共有产权房）三层墙体

质量要求		验收记录
构件堆放	应按规格、品种、所用部位、吊装顺序分别堆场	构件进场已按规格、品种、使用部位及吊装顺序分别堆放，排放整齐有序
	堆放场地应平整密实，并有排水措施	构件堆放场地密实平整，满足堆放要求
	堆放架应有足够的刚度并需支垫稳固	堆放架采用专用木方垫撑，支垫稳固
	叠合楼板层与层之间应垫平垫实，各层支垫应上下对齐叠放，层数不应大于 6 层；空调板叠放层数不大于 6 层	满足堆放要求
测量放线	楼面轴线垂直控制点应符合要求	每层楼面轴线垂直控制点设置 4 个
构件吊装	吊装方式	吊具采用预埋吊环，绳索与构件水平面的夹角成 45°。吊装时采用慢起、快升、缓放的操作方式，保证构件平稳放置
	作业方式	采用起吊、就位、初步校正、精细调整的作业方式
	试吊记录	吊具与限位装置的距离大于 1m，起吊依次逐级增加速度，保证构件就位平稳，墙体与楼层板设置临时支撑
构件安装	尺寸偏差	构件安装位置定位准确，构件连接方式与深化图纸相一致，构件拼缝宽度与图纸相符
	构件上预留洞口的规格、位置和数量	预制构件预留洞口符合施工图纸和设计要求
	机电安装情况	机电安装专业线盒点位位置准确，管线连接满足设计及规范要求，给排水专业预留洞口位置与图纸要求相一致
	构件与现浇层钢筋施工情况	现浇层结构钢筋绑扎情况符合图纸、规范要求，钢筋规格、数量及型号与图纸要求一致
构件成品保护	楼梯保护	/
	空调板保护	/

验收意见：

构件生产单位	施工单位	监理单位	设计单位	建设单位
签字：　　年 月 日	签字：　　年 月 日	签字：　　年 月 日	签字：　　年 月 日	签字：　　年 月 日

表 7.2.3 灌浆施工检查记录

编号：

工程名称			施工部位（构件编号）	
施工日期	年 月 日 时		灌浆料批号	
环境温度	℃		使用灌浆料总量	kg
材料温度	℃	水温　℃	浆料温度	℃（不高于30℃）
搅拌时间	min	流动度　mm	水料比（加水率）	水： kg； 料： kg

检验结果

灌浆口、排浆口示意图	
	1　　3　　5　　7　　9 ○　　○　　○　　○　　○ ○　　○　　○　　○　　○ 2　　4　　6　　8　　10

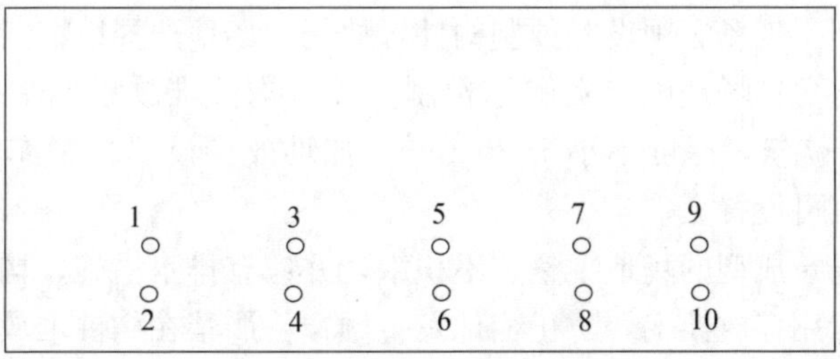

备注				
施工单位	灌浆作业人员	施工专职检验人员	监理单位	专职监理人员

注：记录人根据构件灌浆口、排浆口位置和数量画出草图（表中图为参考），检验后将结果在图中相应灌浆口、排浆口位置做标识，合格的打"√"，不合格时打"×"，并在备注栏加以标注。

8 安全管理

8.1 构件堆放区安全管理

（1）预制墙板可采用插放或靠近的方式进行存放，存放时预制墙板宜对称靠放、饰面朝外，与地面应保证稳定角度。

（2）预制内外墙板、挂板宜采用专用支架直立存放，支架应有足够的强度、刚度和稳定性。

（3）施工现场必须设置预制构件堆放场。场地选择以塔式起重机能一次起吊到位为优，尽量避免在场地内二次倒运预制构件。构件堆放场地基基础必须夯实，用不低于C25混凝土浇筑，厚度不小于200mm。如堆放场设置在车库等构筑物顶部，必须经设计计算后方可设置。

（4）浇筑成型的场地平整、不积水，并应有排水措施，构件应按吊装和安装顺序分类存放于专用存放架上，防止构件发生倾覆，严禁在构件堆放场外堆放构件，严禁采用无任何双侧支撑的方式放置预制墙板和楼梯板。

（5）构件堆放场应用定型化防护栏杆围成一圈作为吊装区域，场外设置警示标牌，严禁无关人员入内，并对吊装作业工人进行书面交底，严禁吊装工人以非工作原因逗留、玩耍、休息于吊装区域内。

8.2 构件吊装安全管理

（1）应根据预制构件的形状、尺寸、质量和作业半径等要求选择吊具和起重设备，所采用的吊具和起重设备及其操作，应符合国家现行有关标准及产品应用技术手册的规定。

（2）吊点数量、位置应经计算确定，应保证吊具连接可靠，应采取保证起重设备的主钩位置、吊具及构件重心在竖直方向上重合的措施。

（3）安装施工前，应复核吊装设备的吊装能力。应按现行行业标准《建筑机械使用安全技术规程》（JGJ 33—2012）的有关规定，检查复核吊装设备及吊具处于安全操作状态，并核实现场环境、天气、道路状况等满足吊装施工要求。防护系统应按照施工方案进行搭设、验收，并应符合下列规定：

①工具式外防护架应试组装并全面检查，附着在构件上的防护系统应复核其与吊装系统的协调；

②防护架应经计算确定；

③高处作业人员应正确使用安全防护用品。

（4）吊装大型构件、薄壁构件或形状复杂的构件时，应使用分配梁或分配桁架类吊具，并应采取避免构件变形和损伤的临时加固措施。

（5）吊装作业安全应符合下列规定：

①预制构件起吊后，应先将预制构件提升 500mm 左右后，停稳构件，检查钢丝绳、吊具和预制构件状态，确认吊具安全且构件平稳后，方可缓慢提升构件。

②吊机吊装区域内，非作业人员严禁进入；吊运预制构件时，构件下方严禁站人，待预制构件降落至距地面 1m 以内方准作业人员靠近，就位固定后方可脱钩。

③高空应通过缆风绳改变预制构件方向，严禁高空直接用手扶预制构件。

④遇到雨、雪、雾天气，或者风力大于 5 级时，不得进行吊装作业。

（6）吊装过程应采用慢起、稳升、缓放的操作方式，吊运过程应保持稳定，不得偏斜、摇摆和扭转，严禁吊装构件长时间悬停在空中；吊装用吊具应按照国家现行有关标准的规定进行设计、验算或试验检验。

（7）吊具应根据预制构件形状、尺寸及质量等参数进行配置，吊索水平夹角不宜小于 60°，且不应小于 45°；对尺寸大或形状复杂的预制构件，宜采用有分配梁或分配桁架的吊具。

（8）吊索可采用 6×19，但宜用 6×37 型钢丝绳制作成环式或者八股头式，其长度和直径应根据吊物的几何尺寸、质量和所用的吊装工具、吊装方法予以确定。使用时可采用单根、双根、四根或者多根悬吊形式。

（9）吊索的绳环或两端的绳套应采用压接接头，压接接头的长度不应小于钢丝绳直径的 20 倍，且不应小于 300mm；八股头吊索两端的绳套可根据工作需要装上桃形环、卡环或吊钩等吊索配件。

（10）吊钩应有制造厂的合格证明书，表面应光滑，不得有裂纹、划痕、剥裂、锐角等现象存在，否则严禁使用。吊钩每次使用前应检查一次，不合格者应停止使用。

（11）活动卡环在绑扎时，起吊后销子的尾部应朝下，吊索在受力后压紧销子，其容许荷载应按出厂说明书采用。

8.3　现场运输安全管理

（1）现场运输道路和存放场地应坚实平整，并应有排水措施。

（2）施工现场内道路应按照构件运输车辆的要求合理设置转弯半径及道路坡度。

（3）预制构件运送到施工现场后，应按规格、品种、使用部位、吊装顺序分别设置存放场地。存放场地应设置在吊装设备的有效起重范围内，且应在堆垛之间设置通道。

（4）构件运输和存放对已完成结构、基坑有影响时，应经由设计单位计算复核。

（5）应根据构件特点采用不同的运输方式，托架、靠放架、插放架应进行专门设计，进行强度、稳定性和刚度验算。

①外墙板宜采用立式运输，外饰面层应朝外，梁、板、楼梯、阳台宜采用水平运输。

②采用靠放架立式运输时，构件与地面倾斜角度宜大于 80°，构件应对称靠放，每侧不大于 2 层，构件层间上部采用木垫块隔离。

③采用插放架直立运输时，应采取防止构件倾倒措施，构件之间应设置隔离垫块。

④水平运输时，预制梁、柱构件叠放不宜超过3层，板类构件叠放不宜超过6层。

8.4 装配式安全要点问题

装配式安全要点问题如图8.4-1～图8.4-6所示。

图8.4-1 预制构件吊装前应仔细检查挂钩挂件有无异常

图8.4-2 起重量300kN及以上的起重设备安装工程、施工现场

4台（或以上）塔式起重机起重臂回转半径覆盖范围内有公共交叉区域的群塔作业工程需要专家论证。

图 8.4-3 吊装预制构件现场

吊装要掌握：慢起/快升/缓慢节奏，由上而下在缆风绳的引导下缓缓降下插入，吊运构件在下降至 1m 内，安装人员方准靠近。

施工中易坠落区域

图 8.4-4 构件吊装中防范临边高处坠落

施工中易坠落区域

图 8.4-5 注意楼板安装施工中的临边高处坠落

图 8.4-6　没有稳固的站脚处施工应挂安全带，吊钩脱钩应使用专用梯子

8.5　推荐使用的安全防护措施

安全防护措施如图 8.5-1～图 8.5-3 所示。

图 8.5-1　工具式的临时上下通道（作业层未安装楼梯构件前）

图 8.5-2　临边作业安全带无可靠挂点，应使用安全防坠器

图 8.5-3 工具式临边防护

9 BIM 应用

装配式建筑是指用预制的构件在工地装配而成的建筑，通过"标准化设计、工厂化生产、装配式施工、一体化装修、信息化管理"，全面提升建筑品质和建造效率（图 9.0.1）。

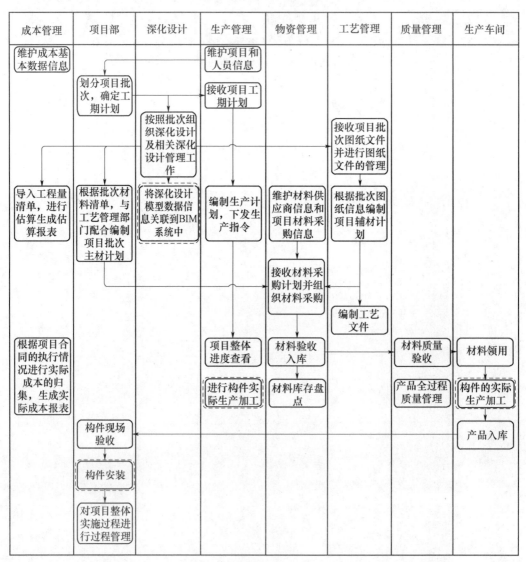

图 9.0.1 装配式建筑总体应用流程

装配式建筑施工中有以下几个难点：人员组织难度大、塔吊组织协调难度大、吊装方法复杂、新工艺质量控制难度大、灌浆工艺方法、外架搭设难度大、测量放线控制、成品保护、构件厂运输与存放等。

装配式结构与 BIM 技术主要的特点为：BIM 技术具有可视化、协调性、模拟性、优化性和可出图性五大特点，使建设各阶段实现互通从而达到数据共享，在避免了数据错误的同时，提高了生产建设的效率，保障了建设工程的质量，避免了材料、人员等浪费。基于 BIM 技术在建工行业中优势凸显，应用 BIM 协同工作平台，规范企业项目管理流程，项目各参与方都在协同平台上进行 BIM 数据共享，实现项目在事前、事中管控的目的。其中 BIM 技术依托其功能特性在人员管控、塔吊协调工作、吊装作业、质量控制交底、辅助方案设计、构件管控等内容中，有效辅助作用于现场施工作业。

混凝土预制装配 BIM 应用的核心价值之一就是解决施工各阶段工程信息的共享问题。不同岗位的工程人员能够从 BIM 模型中获取、更新与本岗位相关的信息，既能指导实际工作，又能将相应工作的成果更新到模型中，使工程人员对混凝土预制装配施工信息做出正确理解和高效共享，起到了提升混凝土预制装配施工管理水平的作用。

9.1　施工场地布置模拟

装配式建筑以预制构件吊装、安装措施等工作为主要施工内容，对于现场临设等施工措施条件需求比较特殊，场区内道路、大型机械、堆场、临设建筑、临水临电等临设项目均可进行前期模拟建立。通过构建完整的场地内布置模型，对整体施工场地进行合理规划，最大限度地利用场地优势，有效避免因规划不合理导致的施工安全隐患，提前模拟构建更加合理的施工场地布置方案（图 9.1）。

图 9.1　BIM 可视化施工场地布置

主要控制内容包括：

（1）根据相应的现场施工阶段、现场施工导致的场地变化情况做出相应的调整，综合考虑现场实际施工中可能对现场作业有不利影响，提前排查问题做出相应修改。

（2）利用 BIM 分析整体场区最大工况时，场区临时道路满足运输车辆、物料运输等情况的使用要求。规划应考虑场区内整体材料运输路径、构件转运量、堆场位置等内容，提前收集车辆尺寸、回转半径等信息，分析确定场内运输道路宽度以及合理选择运输道路的整体走向。

（3）临设建筑在具体布置中，应按照项目整体规划内容，以实际施工尺寸进行场区内模拟建立。利用现有的施工场地条件，合理布局、统筹安排，确保各施工时段内的临设布置均能使现场施工正常有序进行。

（4）基于 BIM 可视化分析施工场地布置，塔式起重机的工作范围宜覆盖主体建筑及构件堆场位置，并且塔式起重机位置的选择应满足运输、装卸、吊装方便的要求。根据不同施工阶段模型展现的工况以及各楼栋开工竣工时间的不同，优化塔式起重机使用率，使塔式起重机在施工现场内实现周转材料、构件吊装等施工作业。同样在施工电梯布置过程中，可减少塔式起重机、施工电梯的投入数量从而节省成本及资源。

9.2　辅助深化设计

装配式建筑的设计理念为以构件拼装为主要施工方法，通过对项目构件深化，提高项目的施工效率，解决安装作业难点。通过审查合格的施工图设计文件对混凝土预制构件装配、连接节点、施工吊装、临时支撑与固定、混凝土预制构件生产、预留预埋，以及构件脱模、翻转、吊装、堆放等进行深化设计，深化设计应由具有相应资质的单位或经原设计单位签字完成确认。

深化设计成果包括深化设计模型、图纸、清单等。

预制构件深化设计软件主要有专业结构深化设计软件（如 Tekla Structures、Allplan 等）和通用设计软件（如 AutoCAD、Autodesk Revit 等）等。

混凝土预制构件深化设计按下列技术文件进行模型的创建和更新：

（1）国家、地方现行相关规范、标准、图集等。

（2）甲方提供的最终版设计施工图及相关设计变更文件。

（3）混凝土预制构件材料采购、生产加工、运输及现场安装工艺技术要求。

（4）其他相关专业配合技术要求。

在深化设计阶段，通过深化设计模型直观地展示混凝土预制构件从整体到局部等的结构信息，便于施工人员查看（图 9.2）。

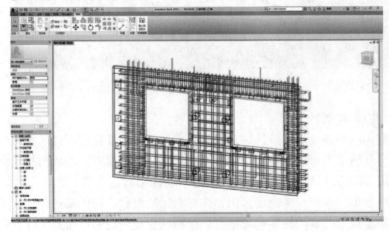

图 9.2　预制构件深化设计图

在混凝土预制构件深化设计模型里，各构件编码需要与构件一一对应。当构件的尺寸、材质等信息发生变化时，需要赋予新的编码，以避免构件的模型信息冲突报错。

9.3 预制构件吊装模拟

装配式建筑主要工作之一是预制构件的吊装作业，其整体作业包含复杂的施工工序、人员配合等内容，吊装前利用 BIM 三维可视化技术，对吊装作业中所有工序、施工方法进行细致模拟，展示现场吊装作业中每一步作业内容，经过项目相关人员协商讨论，确定方案可行性后，确定最终方案（图 9.3）。

图 9.3 预制构件吊装示意图

装配式建筑吊装作业模拟应包含以下内容：
（1）运输车辆进场行进路线；
（2）构件吊装放置构件堆场；
（3）构件日常维护；
（4）构件吊具安装方法；
（5）塔吊起吊过程；
（6）构件放置过程及方法；
（7）施工人员安装工序；
（8）构件加固方法。

9.4 施工方案模拟

运用 BIM 可视化技术，模拟构件装配式施工方案中施工工艺及方法，借助可视化功能，将施工方案中相应的技术措施等内容完全体现，展示整体施工过程，通过对方案过程中构件运输、堆放、吊装及预拼装等专项施工工序进行模拟，验证方案和工艺的可行性，以便指导现场实际施工作业。

　　方案模拟尽量贴合实际现场作业面情况，并结合现场中场区的情况、构件位置、机械运作等内容进行。

　　装配式建筑专项施工方案模拟，主要应包括：

　　（1）预制构件运输、堆放、吊装及预拼装等施工方案的模拟：对象为混凝土预制构件、钢结构预制构件、机电预制构件及幕墙等，可综合分析构件运输、堆放、吊装、连接件定位、拼装部件之间的搭接方式、拼装工作空间要求以及拼装顺序等因素，检验施工工艺的可行性及预制构件加工精度，并可进行可视化展示和施工交底（图 9.4-1）。

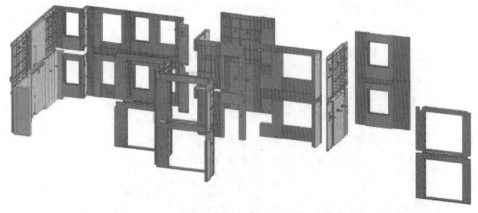

图 9.4-1　预制构件预拼装模拟图

　　（2）模板工程施工方案模拟：通过可视化特点，按照预定施工方案模拟建立模板支护施工，在其基础上优化确定模板数量、类型、支设流程和定位、结构预埋件定位等信息及方法，并可进行可视化展示或施工交底（图 9.4-2）。

图 9.4-2　预制构件模板安装模拟图

　　（3）临时支撑施工方案模拟：可优化确定临时支撑位置、数量、类型、尺寸和受力信息，可结合支撑布置顺序、换撑顺序、拆撑顺序进行可视化展示或施工交底（图 9.4-3）。

图 9.4-3　预制构件临时支撑模拟图

（4）大型设备及构件安装方案：模拟可综合分析墙体、障碍物等因素，优化确定对大型设备及构件到货需求的时间点和吊装运输路径等，并可进行可视化展示或施工交底。

（5）复杂节点施工方案模拟：节点深化工作突出表现在复杂性内容，其作用在于剖析复杂节点各工序间关系，调整细部节点位置、工序、做法等，优化施工做法、更高的质量要求以及减少施工时间，达到施工的最优方案。可优化确定节点各构件尺寸、各构件之间的连接方式和空间要求，以及节点的施工顺序，并可进行可视化展示和施工交底（图 9.4-4）。

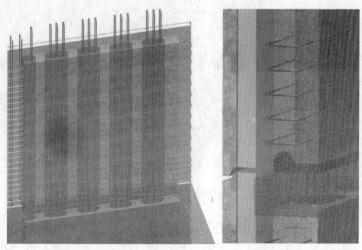

图 9.4-4　预制构件细部节点模拟图

（6）垂直运输施工方案模拟：利用 BIM 技术中施工综合模拟功能，展现现场实际施工吊装作业工序内容。利用展现的方案综合分析运输需求、垂直运输器械的运输能力等因素，结合施工进度优化确定垂直运输组织计划，并可进行可视化展示或施工交底（图 9.4-5）。

图 9.4-5　预制构件吊装作业面模拟图

（7）脚手架施工方案模拟：按照项目预定脚手架方案，利用模型综合分析脚手架组合形式、搭设顺序、安全网架设、连墙杆搭设、场地障碍物等因素，优化脚手架方案，并可进行可视化展示或施工交底（图 9.4-6）。

图 9.4-6　脚手架施工模拟图

（8）施工方案模拟：其包含施工工艺介绍、操作重难点分析及对策、施工顺序等内容，通过模拟能有效表达某项施工工艺的主要过程（图 9.4-7）。模拟内容在施工阶段将与现场实际需求相匹配，协助项目利用 BIM 工具对关键技术方案进行三维可视化展示或探讨验证。在专项施工方案模拟前应明确所涉及的模型范围，根据模拟任务需要调整模型，并满足下列要求：

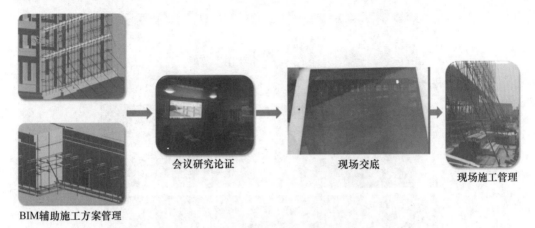

会议研究论证　　　　　　　　现场交底　　　　　　　　现场施工管理

BIM辅助施工方案管理

图 9.4-7　BIM 辅助施工管理流程

（1）模拟过程涉及空间碰撞的，应确保足够的模型细度及工作面范围。

（2）模拟过程涉及其他施工穿插，应保证各工序的时间逻辑关系。

（3）模拟需满足项目施工方案中相应的其他技术要求。

9.5　施工技术交底

对于传统交底工作来说，BIM 可视化交底具有其独特的应用效果，可提高设计交底的效率和准确性，其在装配式结构中尤为突出。可以直观地对关键节点的工序排布、施工难点作以优化并进行三维技术交底，使施工人员了解施工步骤和各项施工要求，确保施工质量和效率。

使用三维可视化交底，在三维空间中全景观看方案内容，便可让现场施工人员更加深入地理解交底内容，提升施工质量。在其应用过程中，专业管理人员可在交底内容中添加相应的文字说明、批注等信息，直观表达交底内容。

9.6　施工进度模拟、优化

基于项目体量及工程人员、流水段等施工信息数据，与装配式结构整体进行关联，形成进度模拟方案。在整体施工进度模型进行可视化模拟中，检查各施工作业之间的整体部署、人员施工、工序用时等信息是否合理。进度计划编制中，将项目按整体工程、单位工程、分部工程、分项工程、施工段、工序依次分解，最终形成完整的工作分解结构，从而整体对施工进行优化和检查，最终确定整体装配式作业的施工进度计划。通过对最优模拟工作状态与实际施工进行对比分析，调整实际施工的工作，提高施工的整体工作效率。

通过在进度控制可视化模型中检查实际进度与计划进度的偏差，BIM 系统会预警提醒现场管理人员预制构件运输、堆放及安装是否滞后。同时，BIM 计划与现场施工日报相关联，通过日报信息可快速查询现场工期滞后原因，结合滞后原因进行偏差分析并修改相应的施工部署，编制相应的赶工进度计划（图9.6）。

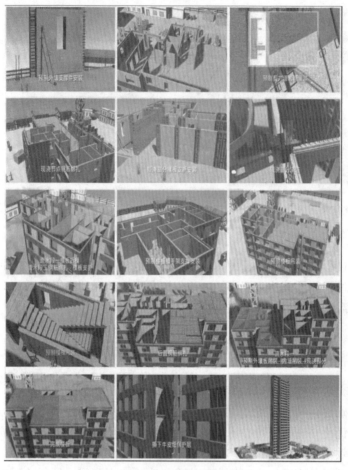

图 9.6 施工进度可视化模拟图

进度模拟需要满足下列要求：

（1）局部施工模拟需要反映实际施工作业面及设备运行等情况。

（2）尽量表达实际施工中各工种间作业关系及操作流程，尽量达到反映实际施工。

（3）按照实际施工流水进行施工模拟，反映各楼层施工作业关系。

根据验收的先后顺序，明确划分项目的施工任务及节点，按照施工部署要求，确定工作分解结构中每个任务的开工、竣工日期及关联关系，并确定下列信息：

①重要节点及其开工、竣工时间。

②结合任务间的关联关系、任务资源、任务持续时间以及重要节点的时间要求，编制进度计划，明确各个节点的开工、竣工时间以及关键线路。

③创建进度模拟模型时，应根据工作分解结构对导入的施工模型进行切分或合并处理，并将进度计划与模型关联。同时基于进度模拟模型估算各任务节点的工程量，并在模型中附加或关联定额信息。

（4）通过进度计划审查形成最终进度模拟模型之前需要进行进度计划优化。进度计划优化宜按照下列工作步骤和内容进行：

①根据企业定额和经验数据，并结合管理人员在同类工程中的工期与进度方面的工程管理经验，确定工作持续时间。

②根据工程量、用工数量及持续时间等信息，检查进度计划是否满足约束条件，是否达到最优。

③若改动后的进度计划与原进度计划的总工期、节点工期冲突，则需与各专业工程师协商。过程中需充分考虑施工逻辑关系，各施工工序所需的人、材、机，以及当地自然条件等因素。重新调整优化进度计划，将优化的进度计划信息附加或关联到模型中。

④根据优化后的进度计划，完善人工计划、材料计划和机械设备计划。

⑤当施工资源投入不满足要求时，应对进度计划进行优化。

9.7　智慧工地内容

装配式建筑对于整体项目施工标准具有很高的要求，现今行业内智慧工地应用于装配式结构技术已经涵盖多方面工程管理，其中涉及装配式建筑中可应用于现场管理方面的技术有几个方面（图 9.7-1）：

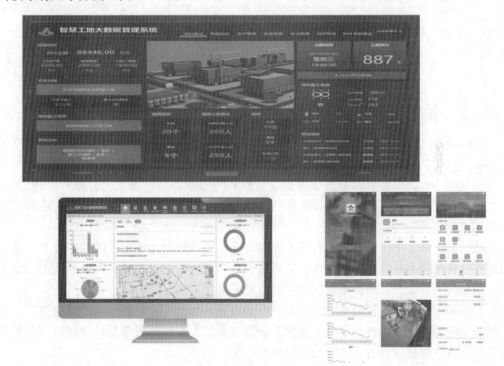

图 9.7-1　智慧工地管理平台

1. 劳务管理

装配式建筑工程中施工作业与传统建筑模式有所区别，现场施工人员管控具有更高的要求，是对现场的劳务人员进行信息化管理的 BIM 应用，根据现场实际需求，项目按照人员流动性特点，配置相应的现场人员管理系统模块，作用于实际项目的管控工作。

　　劳务管理主要包括劳务人员名册管理、劳务队伍进退场及在场管理、劳务人员考勤管理、劳务人员工资管理。通过将以上管理信息记录和统计，更为有效地对劳务队伍进行系统化的动态管理（图 9.7-2）。

图 9.7-2　劳务管理系统

　　2. 安全监控

　　整体项目施工周期内安全是主要关注内容，现场人员、机械、材料等场区内安全管控内容尤为突出。针对所管辖范围内大型设备宜采用基于 BIM 的装配式建筑施工安全信息化管理平台，积极引入大型设备安全监控系统监控平台，通过实时查看运行记录、历史运行机理、设备告警查询及设备饼状图等方式实现了对大型设备安全监管的精细化管理。

　　施工安全信息化是今后建筑行业的发展方向，基于智慧工地内容的新型技术，采用整体安全管控及实时监控等手段，并对场区内危险源进行辨识，减少和消除施工过程中的不安全行为和状态，确保工程项目的效益目标得以实现。

　　在现场危险区域设置与平台系统关联的感应器，当人、施工机械达到预警级别，出现了安全隐患可以立即进行预警，并在安全预警系统中发出预警信号，及时通知现场管理者并采取应对措施，有效地降低安全事故发生的概率。

　　现阶段施工现场安全生产施工部分主要监测项目：①塔机监控（图 9.7-3）；②吊钩可视化；③施工升降电梯；④卸料平台；⑤基坑监测；⑥高支模监测；⑦外墙脚手架监测；⑧高边坡自动化监测；⑨周界防护入侵；⑩便携式临边防护；⑪视频监控。

图 9.7-3 塔吊监测系统

大型机械的应用如下：

身份识别：人脸、指纹、应急卡认证。

重量传感器：实时监测并显示起吊重量，超重报警。

群塔防碰撞：三维群塔防碰撞算法避免危险动作。

吊钩可视化：自动变焦摄像头，全面了解现场。

远程实时监管：数据对接智慧工地平台，实时查看。

3. 质量信息化

装配式结构整体施工周期内，预制构件作为最核心的元素贯穿于整条装配式建筑建设供应链中，而实现对整个装配式建筑全产业链的质量管理和优化根本在于实现对构件全寿命周期的质量管理和优化。因此，为保证装配式建筑建造过程的顺利进行，需要保证各阶段构件质量状态的数据及时采集、共享和分析。

基于信息化的构件全过程质量管理宜结合各阶段的实际情况和工作计划，对相应的质量控制点进行动态管理，并通过手持移动端及物联网等技术将现场质量管理信息实时传递给 BIM 模型，实现质量信息的实时采集、移动可视化管控及过程追溯（图 9.7-4）。可通过移动终端拍照并将影像技术文件自动上传，与 BIM 模型里的构件信息相关联，最终形成产品的档案信息，实现产品质量信息可追溯管理。

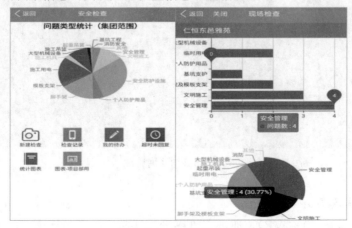

图 9.7-4 质量管理平台

4. 全过程移动物联网

物联网技术是通过二维码识读设备、无线射频识别（RFID）装置、红外感应器、全球定位系统和激光扫描器等信息传感设备，按约定的协议，把任何物品与互联网相连接，进行信息交换和通信，以实现智能化识别、定位、跟踪、监控和管理的一种网络。装配式建筑的出现为基于 RFID/二维码的物联网技术实现更多具有现场管理、更为有效的应用模式（图 9.7-5）。

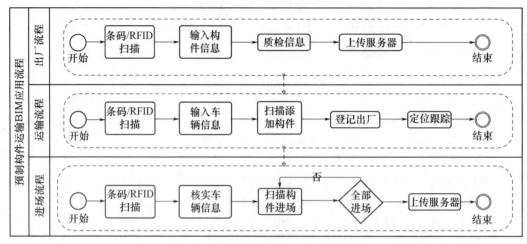

图 9.7-5　预制构件运输 BIM 应用流程

装配式结构主要工作围绕相应构件安装进行，每个构件作为相应的信息参数，集合到一起组成完整的项目建造工作，物联网技术使其成为信息化手段，通过与移动技术和 BIM 模型轻量化技术的结合，相关人员可以手持移动端随时随地获取准确的构件信息和建筑信息，进而提高管理的效率和水平（图 9.7-6）。

图 9.7-6　物联网管理

5. VR 体验技术

虚拟现实技术（简称 VR），通过三维图形生成技术、多传感交互技术以及高分辨率显示等技术，生成三维虚拟现实场景，通过语言、手势、操作手柄等途径，与之进行实时交互体验，创建一个具有直观体验的虚拟空间。

基于 BIM 的装配式结构施工阶段，通过虚拟现实技术，实现更为真实的装配式施工模拟，为管理者和施工人员提供装配式结构总体施工展示，施工方案模拟和技术交底等，实现高效、科技化施工（图 9.7-7）。

图 9.7-7　VR 体验模拟

现阶段市面上对于现场管理有很多智慧工地平台，对于现场管理人员，能提高现场管理的效率。

工程项目 BIM 协同平台应用内容如下：

（1）收集 App 便携应用，采集现场信息、接收平台消息、处理待办事项；

（2）三维数字模型应用客户端，针对三维模型做专项应用；

（3）工程施工进度、重难点信息上报；

（4）施工图纸版本控制，问题标记跟踪处理；

（5）施组方案、洽商变更在线审批流转；

（6）三维模型在线预览，构件详单统计；

（7）工程施工过程资料汇总关联；

（8）企业标注族库应用；

（9）日常工作计划制定、下发，协同任务执行，反馈项目进度。

参考文献

[1] 曾勃，陈大伟，韩萍，等．建筑施工从业人员体验式安全教育培训教材［M］．北京：中国建筑工业出版社，2017.

[2] 杨顺，曾勃，杨金锋，等．建筑工人安全教育及实名制信息化管理平台设计［J］．建筑，2018 (13)：15-21.

[3] 杨顺．构造柱钢筋机械锚固与植筋试验比较及效益分析［J］．建筑工程技术与设计，2016 (14)：2792.

[4] 杨顺．保障房结构施工中裂缝质量问题的分析探讨［J］．管理学家，2012 (6)：287.

[5] 中华人民共和国住房和城乡建设部．装配式混凝土建筑技术标准：GB/T 51231—2016［S］．北京：中国建筑工业出版社，2016.

[6] 中华人民共和国住房和城乡建设部．混凝土结构工程施工质量验收规范：GB 50204—2015［S］．北京：中国建筑工业出版社，2015.

[7] 中华人民共和国住房和城乡建设部．混凝土结构工程施工规范：GB 50666—2011［S］．北京：中国建筑工业出版社，2011.

[8] 中华人民共和国住房和城乡建设部．装配式混凝土结构技术规程：JGJ 1—2014［S］．北京：中国建筑工业出版社，2014.

[9] 中华人民共和国住房和城乡建设部．钢筋套筒灌浆连接应用技术规程：JGJ 355—2015［S］．北京：中国建筑工业出版社，2015.

[10] 中华人民共和国住房和城乡建设部．钢筋连接用灌浆套筒：JG/T 398—2019［S］．北京：中国建筑工业出版社，2019.

[11] 中华人民共和国住房和城乡建设部．钢筋连接用套筒灌浆料：JG/T 408—2019［S］．北京：中国建筑工业出版社，2019.